Examinatorium der Chemie

In drei Bänden zusammengestellt

von

Dr. Friedrich Heilmann

Teil I: **Anorganische Chemie**
Teil II: **Organische Chemie**
Teil III: **Analytische Chemie**

Berlin
M. Krayn, Technischer Verlag, G. m. b. H.

Examinatorium der organischen Chemie

Zusammengestellt

von

Dr. Friedrich Heilmann

M·KRAYN
BERLIN·W·

1930

Vorwort.

Vorliegende Sammlung von tausend Fragen und Antworten aus der organischen Chemie ist weder zum Lernen noch zum systematischen Wiederholen bestimmt, sondern will einzig und allein dem Examenskandidaten ein Mittel an die Hand geben, selbständig eine „Generalprobe zum Examen“ durchzuführen und bei der hierbei bezweckten Kontrolle seines Wissens Gelegenheit zu haben, etwa vorhandene Lücken bei Zeiten aufzuspüren.

Von einer bestimmten Anordnung der Materie wurde absichtlich abgesehen, um gerade durch die Durcheinanderwürfelung den Chancen im Examen, bestimmte Fragen zu erhalten, nahe zu kommen.

Es versteht sich von selbst, daß tausend Fragen und Antworten nicht die ganze organische Chemie erschöpfen können, doch sei darauf hingewiesen, daß das in dieser Sammlung Dargebotene hinsichtlich der „Schwierigkeit“ etwa den Vorlesungen und Lehrbüchern über allgemeine organische Chemie entsprechen dürfte und so gewählt ist, daß es in jedem organischen Verbandsexamen — für das diese Sammlung in erster Linie bestimmt ist — durchaus vorkommen kann.

„Leichtere“ Fragen, die in „schwierigeren“ bereits enthalten sind, wurden meist ausgeschaltet.

Möge das Büchlein den gedachten Zweck erfüllen und sich bei der Vorbereitung zum Examen nützlich erweisen.

Dr. Friedrich Heilmann.

Göttingen, den 1. Dezember 1929.

Frage	Antwort
1. Wie wirkt Ozon auf Olefine?	Unter Anlagerung von Ozon an olefinische Doppelbindungen entstehen Ozonide.
2. Wie verhalten sich Ozonide gegen Wasser?	Ozonide werden bei der Hydrolyse unter Abspaltung eines Sauerstoffatoms an der Stelle der ursprünglichen Doppelbindung in Aldehyde bzw. Ketone gespalten.
3. Was entsteht bei der Verseifung von Cyan?	Oxalsäure.
4. Was liefert Malonsäure beim vorsichtigen Erhitzen über den Schmelzpunkt?	Essigsäure.
5. Was liefert Malonsäure beim schnellen Erhitzen mit Phosphorpentoxyd?	Kohlensuboxyd.
6. Welchen chemischen Charakter trägt Kohlensuboxyd?	Kohlensuboxyd reagiert wie ein inneres Anhydrid.
7. Welcher Stoff entsteht bei der Kalischmelze von o-Benzoldisulfosäure?	Brenzkatechin.
8. Wie kann man d-Glucose zu d-Arabinose abbauen?	d-Glucose wird mit Wasserstoffsuperoxyd zu d-Gluconsäure oxydiert und bei Gegenwart von Ferriacetat daraus gleichzeitig Kohlendioxyd abgespalten.
9. Was liefert Cadaverin bei der Ammoniakabspaltung?	Piperidin.
10. Wie kann Zimtsäure synthetisch gewonnen werden?	Durch Kondensation von Benzaldehyd mit Natriumacetat.
11. Wie kann Phosgen gewonnen werden?	Aus Chlor und Kohlenoxyd im Lichte.
12. Was sind Laktone?	Innere Ester (Anhydride) von Gamma-Oxysäuren.
13. Was liefern primäre Nitroverbindungen mit salpetriger Säure?	Nitrolsäure, ein Oxim, das sich in Alkali mit roter Farbe löst.

14. Wie kann Nitromethan gewonnen werden?	Aus Methyljodid und Silbernitrit.
15. Welcher Stoff entsteht besonders bei der Destillation von Kleie mit verdünnten Säuren?	Furfurol.
16. Wie kann man vom Furfurol zum Furan gelangen?	Man oxydiert Furfurol zu Brenzschleimsäure und spaltet daraus Kohlendioxyd ab.
17. Was entsteht bei der Zusammenreduktion von 2 Mol Aceton?	Pinakon.
18. Welche Struktur hat dieser Stoff?	Tetramethylglykol.
19. Wie verhält sich dieser Stoff in Gegenwart verdünnter Säuren?	Es findet unter Austritt von Wasser eine „Pinakolinumlagerung" statt zu Isobutylmethylketon.
20. Was entsteht bei der Oxydation von Chinolin mit Kaliumpermanganat?	Unter Aboxydation des Benzolkerns entsteht Chinolinsäure.
21. Ist Pikrinsäure ein echter Farbstoff?	Ja.
22. Warum?	Weil dieser Stoff drei chromophore Nitrogruppen und eine auxochrome Hydroxylgruppe enthält.
23. Wie kann man d-Alanin in l-Alanin und umgekehrt verwandeln?	Z. B.: d-Alanin liefert mit Nitrosylbromid l-Brompropionsäure und weiter mit Ammoniak l-Alanin (Waldensche Umkehrung).
24. Sind Verbindungen mit zwei Hydroxylgruppen an einem C-Atom beständig?	Meistens nicht.
25. Nennen Sie eine Ausnahme von der Regel, daß zwei Hydroxylgruppen an einem C-Atom unbeständig sind?	Glyoxylsäure, Chloralhydrat.
26. Wie entstehen Polypeptide?	Durch amidartige Verknüpfung von Aminosäuren oder durch Spaltung von Eiweißstoffen.
27. Welcher Stoff entsteht bei der Anlagerung eines Mol Brom an Butadien?	1,4-Dibrombuten.
28. Wie nennt man eine derartige Gruppierung von Doppelbindungen wie im Butadien?	Konjugierte Doppelbindungen.

29. Wie entstehen Cyanhydrine?	Durch Anlagerung von Blausäure an Aldehyde oder Ketone.
30. Was entsteht bei der Destillation von arseniger Säure mit Natriumacetat?	Kakodyloxyd.
31. Welche Struktur hat das Kakodylradikal?	$(CH_3)_2As$-.
32. Welche Struktur hat Michlers Keton?	Tetramethyldiaminobenzophenon.
33. Nennen Sie die drei Dioxybenzole!	Brenzkatechin, Resorcin und Hydrochinon.
34. Welche Stellung nehmen die Hydroxyle in diesen Verbindungen ein?	In der ebengenannten Reihe: Ortho-meta, para-Stellung.
35. Wie entstehen Anilide?	Durch Acylierung der Aminogruppe des Anilins.
36. Wie entstehen o- und p-Nitrophenol?	Durch Nitrierung von Phenol mit Salpetersäure in der Kälte.
37. Wie kann man o- von p-Nitrophenol trennen?	o-Nitrophenol kann mit Wasserdampf verflüchtigt werden, p- nicht.
38. Was entsteht bei der vorsichtigen Anlagerung von Wasserstoffsuperoxyd an Fumarsäure?	Traubensäure.
39. Was entsteht, wenn man in derselben Weise Maleinsäure behandelt?	Mesoweinsäure.
40. Wie kann man die cis-trans-Isomerie bei ungesättigten Dicarbonsäuren nachweisen?	Die cis-Formen liefern Anhydride, die trans-Formen nicht.
41. Wie ist diese Tatsache zu erklären?	In den cis-Formen stehen die Carboxylgruppen räumlich sehr nahe beieinander.
42. Was liefern Ketone bei der Reduktion?	Sekundäre Alkohole.
43. Wie wird Chloroform gewonnen?	Aus Alkohol und Chlorkalk.
44. Der Chlorkalk hat hierbei dreierlei verschiedene Wirkungen. Welche sind diese?	1. wird der Alkohol zu Aldehyd oxydiert, 2. wird dieser Aldehyd zu Trichloracetaldehyd (Chloral) chloriert, 3. wird die Carbonylgruppe des Chlorals herausgenommen.

Frage	Antwort
45. Wie kann man sich die Entstehung des Pyridins formal vorstellen?	Pyridin entsteht formal durch Ersatz einer Methingruppe im Benzol durch ein Stickstoffatom.
46. Wie entsteht Kristallviolett?	Durch Kondensation der Ketogruppe von Michlers Keton mit dem p-H-Atom des Dimethylanilins und dem H-Atom von Salzsäure.
47. Wohin wandert hierbei das Chlor der Salzsäure?	An den Stickstoff des Dimethylanilins.
48. Welche Strukturänderung erfolgt hierbei?	Es entsteht eine chinoide Bindung.
49. Wie kann man Glukose in Fruktose verwandeln?	Man behandelt Glucose mit Phenylhydrazin und erhält hierbei Glucosazon, aus welchem bei Einwirkung eines weiteren Mols Phenylhydrazin unter Abspaltung von Ammoniak und Anilin die H-Atome des Alpha-C-Atoms herausgenommen werden. Ein 3. Mol Phenylhydrazin liefert mit der neu entstandenen Ketogruppe wiederum ein Phenylhydrazon, so daß schließlich ein Dihydrazon oder Osazon entstanden ist. Werden nun die Phenylhydrazingruppen mit konzentrierter Salzsäure behandelt, so entsteht ein Ketoaldehyd, das Oson der Glucose. Bei der Reduktion desselben wird Wasserstoff nur an die Aldehydgruppe angelagert, so daß Fruktose resultiert.
50. Was entsteht beim Einleiten von Kohlendioxyd in Natriumphenolat unter Druck?	An eine Doppelbindung des Kohlendioxyds wird zunächst einerseits Na, andererseits C_6H_5O angelagert, wobei phenol-

Frage	Antwort
	kohlensaures Natrium entsteht. Beim Erhitzen auf 125° findet Umlagerung dieses Produktes zu salicylsaurem Natrium statt.
51. Wie kann man Halogen bei der direkten Chlorierung in den Kern von Benzolhomologen dirigieren?	Durch Kühlung mit Eis und Anwendung von Halogenüberträgern.
52. Wie können Äther gewonnen werden?	Durch Erhitzen der Alkohole mit Schwefelsäure; hierbei entsteht primär eine Ätherschwefelsäure, die mit einem weiteren Mol Alkohol Äther bildet unter Rückbildung von Schwefelsäure. Ferner können Äther durch Alkylierung von Alkoholaten gewonnen werden.
53. Wie kann man schnell Harnstoff bestimmen?	Durch volumetrische Messung des Stickstoffs, der bei der Zerlegung des Harnstoffs mit unterbromigsaurem Kali neben Kohlendioxyd frei wird.
54. Welchen Einfluß haben Doppelbindungen in Carbonsäuren auf die Acidität derselben?	Doppelbindungen erhöhen die Acidität der Carbonsäuren.
55. Wie verhalten sich ungesättigte Säuren kräftigen Oxydationsmitteln gegenüber?	An der Stelle der Doppelbindung tritt Spaltung ein.
56. Was liefert pimelinsaures Calcium beim Erhitzen?	Cyclohexanon.
57. Was ist Hippursäure?	Benzoylglykokoll.
58. Wo findet man diesen Stoff?	Im Harn pflanzenfressender Tiere.
59. Wie kann man Chinoxaline gewinnen?	Durch Kondensation von o-Phenylendiaminen mit 1,2-Diketonen.
60. Welche Veränderung erleidet ein Diazoniumsalz beim Erwärmen in Wasser?	Es entsteht ein Phenol unter Abspaltung von Stickstoff.
61. Wie kann man Fluoren gewinnen?	Durch Abspaltung des o-Wasserstoffs aus den beiden Benzolringen von Di-

Frage	Antwort
	phenylmethan, ein Vorgang, der z. B. beim Leiten dieses Stoffes durch ein glühendes Rohr erfolgt.
62. Wonach hat Fluoren seinen Namen bekommen?	Seine Kristalle fluorescieren blau.
63. Welche Stoffe entstehen bei der Oxydation von homologen Benzolkohlenwasserstoffen?	Carbonsäuren.
64. Was entsteht bei der Destillation von Benzoesäure mit Kalk?	Benzol und Kohlendioxyd.
65. Welche Struktur hat Diphensäure?	Diphensäure ist Diphenyl, in welchem die o-H-Atome durch Carboxyle ersetzt sind.
66. In welcher Weise wird die Acidität einer Fettsäure bei der Chlorierung im Stamm verändert?	Die Acidität wird erhöht, und zwar um so mehr, je näher das Chlor an die Carboxylgruppe herantritt.
67. Was erfolgt bei der Behandlung von Äthylenbromid mit verdünnten Alkalien?	Verseifung: es entsteht Glykol.
68. Was entsteht jedoch aus Äthylenbromid mit konzentrierten Alkalien?	Es entsteht unter Abspaltung von 2 Mol Bromwasserstoff Acetylen.
69. Wie verhält sich o-Nitrobenzaldehyd im Lichte?	Es wird zu o-Nitrosobenzoesäure umgelagert.
70. Welche Veränderung erleidet Benzaldehyd bei der Behandlung mit Cyankali?	Es findet „Kondensation" statt zu Benzoin, einem Ketonalkohol.
71. Wie kann Benzhydrol gewonnen werden?	Durch Anlagerung von Phenylmagnesiumjodid an Benzaldehyd und Hydrolyse des Additionsproduktes. Dieser Vorgang ist gleichbedeutend mit Anlagerung von einerseits Phenyl, anderseits Wasserstoff an die Doppelbindung des Aldehydes, wobei der Wasserstoff stets an den Sauerstoff tritt.

Frage	Antwort
72. Wie könnte man beispielsweise den Ketoncharakter von Chinonen nachweisen?	Chinone geben mit salpetriger Säure Monoxime und weiter Dioxime.
73. Welcher Stoff entsteht bei der Hydrolyse von Aluminiumcarbid?	Methan.
74. Welcher Stoff entsteht bei der Hydrolyse von Calciumcarbid?	Acetylen.
75. Wie kann man aus Kalk, Kohle und Wasser Alkohol gewinnen?	Aus Kalk und Kohle entsteht im elektrischen Ofen Calciumcarbid, das bei der Zersetzung mit Wasser Acetylen liefert. Durch Anlagerung von Wasser an die dreifache Bindung des Acetylens erhält man bei Gegenwart eines Quecksilbersalzes Acetaldehyd, der leicht zu Äthylalkohol oxydiert werden kann.
76. Welches sind die wichtigsten Darstellungsmethoden der Olefine?	Die Abspaltung von Wasser aus gesättigten Alkoholen, von Halogenwasserstoff aus Halogenparaffinen, von Kohlendioxyd und Wasserstoff bei der Elektrolyse von gesättigten Dicarbonsäuren.
77. Wie läßt sich schnell eine ungesättigte Verbindung nachweisen?	Durch Anlagerung von Brom oder der Hydroxyle des Wasserstoffsuperoxydes beim Versetzen mit Kaliumpermanganat, wodurch Entfärbung eintritt.
78. Welche von den Derivaten des Benzols haben den höchsten Schmelzpunkt?	Die Paraverbindungen.
79. Welche Bedeutung haben Pikrate für den Chemiker?	Pikrate sind schwer löslich und kristallisieren gut; man wendet sie daher zur Abscheidung, Reinigung und Charakterisierung zahlreicher Stoffe an.
80. Welche Bedeutung haben Pikrate für Bergingenieure?	Pikrate sind beliebte Sprengstoffe.

Frage	Antwort
81. Welche Bedeutung haben Anilide für den Chemiker?	Anilide sind meist schwerlöslich und zur Charakterisierung aromatischer Basen geeignet; ferner wird die Aminogruppe durch Acylierung geschützt.
82. Was entsteht bei kräftiger Oxydation von Graphit mit Salpetersäure?	Mellitsäure-Benzolhexacarbonsäure.
83. Wie könnte diese Säure außerdem gewonnen werden?	Durch Oxydation von Hexamethylbenzol.
84. Wo findet man Mellitsäure in der Natur?	Als Aluminiumsalz (Honigstein) in Braunkohlenlagern.
85. Wodurch ist das Mellitsäureanhydrid ausgezeichnet?	Es enthält nur Kohlenstoff und Sauerstoff.
86. Welche Eigenschaft haben freie Gamma-Oxysäuren?	Sie spalten leicht intramolekular Wasser ab, wobei Laktone entstehen, Ringe mit einer Sauerstoffbrücke.
87. Wie kann man Essigsäure in Malonsäure verwandeln?	Durch direkte Chlorierung von Essigsäure bei Gegenwart eines Halogenüberträgers z. B. roten Phosphors erhält man Chloressigsäurechlorid, das mit Wasser in Salzsäure und Chloressigsäure zerfällt; letzterer Stoff liefert bei der Behandlung mit Cyankali ein Nitril, das sich zu Malonsäure glatt verseifen läßt.
88. Welche Umlagerung erleidet Acetophenonoxim?	Es findet ein Platzwechsel zwischen Phenyl und Sauerstoff statt, wobei Acetanilid entsteht.
89. Welcher grundlegende Unterschied besteht zwischen Halogeniden der Fettreihe und Benzolreihe?	In den Halogeniden der Fettreihe ist das Halogen viel beweglicher wie in den Halogeniden der Benzolreihe.
90. Wodurch ist Malonester bedeutsam?	Malonester ist für Synthesen deshalb besonders geeignet, weil seine Methylenwasserstoffatome durch

	Natrium ersetzbar sind und daher mit Halogenderivaten verkuppelt werden können, ferner beim Erhitzen Kohlendioxyd abgespalten werden kann unter Bildung von Monocarbonsäuren.
91. Nennen Sie noch andere Ester, die in ähnlicher Weise für Synthesen brauchbar sind?	Acetessigester, Benzoylessigester, Oxalessigester.
92. Diese Stoffe können, auch wenn sie substituiert sind, welche Arten von Hydrolysen erleiden?	Bei der Verseifung mit verdünnten Alkalien tritt Ketonspaltung ein, mit konzentrierten Alkalien Säurespaltung, außerdem kann aus Oxalester eine Carbonylgruppe abgespalten werden unter Bildung von Malonester.
93. Welchen Stoff erhält man beim Eindampfen von Ammoniumcyanat?	Harnstoff.
94. Durch Umlagerung welchen Stoffes ist in entsprechender Weise Thioharnstoff zugänglich?	Durch Umlagerung des Ammonrhodanids.
95. Auf welche Weise können minderwertige Öle in vollwertige Fette überführt werden?	Durch „Fetthärtung“; man versteht hierunter die katalytische Hydrierung der ungesättigten Säuren, besonders der Ölsäure, die in minderwertigen Ölen, z. B. Fischtran, enthalten sind.
96. Welches sind die wichtigsten einfachen Verkupplungsreaktionen, die zur Bildung von Kohlenwasserstoffen führen?	Die Entfernung von Halogen aus Alkyl- bzw. Arylhaloiden mit Natrium, Kupfer oder Zink, die Entfernung von Halogenwasserstoff aus einer aromatischen Verbindung und einem Halogenalkyl bei Gegenwart von Aluminiumchlorid, schließlich die Verknüpfung von Zinkalkyl mit Halogenalkyl oder -Aryl.

Frage	Antwort
97. Welche Umwandlung erleidet Acetaldehyd beim Versetzen mit wenig konzentrierter Schwefelsäure?	Drei Mol Acetaldehyd werden zu Paraldehyd polymerisiert.
98. Vermag Paraldehyd Atome oder Atomgruppen zu addieren?	Nein.
99. Warum nicht?	Weil eine gegenseitige Absättigung der Carbonyldoppelbindungen zwischen den drei Aldehyden stattgefunden hat.
100. Wie werden meist Säureanhydride gewonnen?	Durch Verkupplung von fettsaurem Natrium mit einem Säurechlorid.
101. Was sind chemisch betrachtet Zucker?	Aldehyd- oder Ketonalkohole.
102. Wie entstehen Disaccharide?	Durch Kondensation von zwei Mol Monosaccharid unter Austritt von einem Mol Wasser.
103. Auf welche Weise läßt sich die Kohlenstoffkette von Aldosen verlängern?	Durch Anlagerung von Blausäure an die Aldehydgruppe einer Aldose erhält man ein Oxysäurenitril, das bei der Verseifung die entsprechende Oxysäure liefert; diese wird als Lakton mit Natriumamalgam reduziert.
104. Welche charakteristischen Kondensationen können Acetonmoleküle miteinander eingehen?	1. können bei Gegenwart wasserfreier Salzsäure beide Methylgruppen des Acetons nacheinander mit Aceton kondensiert werden, wobei zunächst Mesityloxyd, dann Phoron entsteht. 2. können bei Gegenwart konzentrierter Schwefelsäure drei Mol Aceton zu Mesitylen kondensiert werden.
105. Welches Lösungsmittel kommt für Cellulose meist praktisch in Frage?	Kupferoxydammoniak (Schweitzers Reagens).
106. Welche Bruchstücke entstehen bei der Hydrolyse von Cellulose?	Bei vorsichtiger Spaltung entsteht zunächst das Disaccharid, Cellobiose und schließlich d-Glucose.

Frage	Antwort
107. Wie kann man Anilin in Benzoesäurenitril verwandeln?	Man diazotiert salzsaures Anilin mit salpetriger Säure in der Kälte und ersetzt die Diazogruppe durch die Cyangruppe mit Cuprocyanid.
108. Wie verhält sich Hydrazobenzol Säuren gegenüber?	Es erfolgt keine Salzbildung, wie man annehmen könnte, sondern Umlagerung zu p-Diamidodiphenyl-Benzidin.
109. Wohin wandert das Halogen bei der Anlagerung von Halogenwasserstoff an ungesättigte Säuren?	Das Halogen tritt in die ungesättigte Säure derart ein, daß es möglichst weit von der Carboxylgruppe zu stehen kommt.
110. Was entsteht bei der Elektrolyse einer Fettsäure?	Ein Paraffin.
111. Wie ist dieser Vorgang zu erklären?	Es werden normalerweise zwei Anionen R.COO abgeschieden, die aber sofort zerfallen, wobei Kohlendioxyd frei wird und eine Verknüpfung der freien Radikale zu einem Paraffin erfolgt.
112. Welche Grundsubstanz liegt den Farbstoffen der Bittermandelölgrüngruppe zugrunde?	Diaminotriphenylmethan.
113. Auf welche Weise erhält man Malachitgrün?	Durch Kondensation von Benzaldehyd mit 2 Mol Dimethylanilin.
114. Auf welche Weise kann man eine Diazogruppe gegen Wasserstoff austauschen?	Durch Reduktion z. B. beim Verkochen der Diazokörper mit Alkohol.
115. Wie läßt sich die Phenanthrenformel begründen?	Phenanthren liefert bei der Oxydation Phenathrenchinon und weiter Diphensäure. Umgekehrt kann diese in Phenanthren zurückverwandelt werden.
116. Welches sind die bekanntesten Kondensationsprodukte von Phtalsäureanhydrid mit Oxybenzolen?	Phtalsäureanhydrid liefert mit 2 Mol Phenol Phenolphtalein; die Kondensation findet zwischen

Frage	Antwort
	einer Carbonylgruppe des Phtalsäureanhydrides und den Para-H-Atomen der beiden Phenolmoleküle statt. In ähnlicher Weise entsteht mit Resorcin Fluorescein, wobei die zur Kondensationsstelle o-ständigen Hydroxylgruppen zweier Resorcinmoleküle unter Wasseraustritt miteinander reagieren und einen neuen Ring bilden (Xanthanring). Brenzkatechin und Hydrochinon geben, mit dem Brückensauerstoff des Phtalsäureanhydrides kondensiert, Alizarin bzw. Chinizarin (1,2- bzw. 1,4-Dioxyanthrachion).
117. Wie kann man Farbstoffe, die mitunter in Wasser schwerlöslich sind, löslich machen?	Durch Sulfurierung.
118. Wie kann man Sulfosäuren isolieren?	Durch Fällung als Blei- oder Calciumsalz und Regenerierung mit Schwefelsäure.
119. Welche Zwischenprodukte entstehen bei der Zusammenreduktion von zwei Mol Nitrobenzol zu Anilin?	Azoxybenzol (aufzufassen als Azoverbindung mit einer O-Brücke zwischen den Stickstoffatomen), Azobenzol, Hydrazobenzol.
120. Wie sind diese Stoffe gefärbt?	Nur Azobenzol ist rot gefärbt.
121. Wie verhalten sich diese Stoffe Säuren gegenüber?	Azoxybenzol wird umgelagert zu p-Oxyazobenzol, Hydrazobenzol zu Benzidin.
122. Welche Zwischenprodukte entstehen bei der Reduktion eines Mols Nitrobenzol zu Anilin?	Nitrosobenzol und Phenylhydroxylamin.
123. Wie verhalten sich diese Stoffe gegen Säuren?	Phenylhydroxylamin erleidet eine Umlagerung zu p-Aminophenol.

Frage	Antwort
124. Welches Reduktionsmittel eignet sich am besten zum Abfangen der Zwischenprodukte, die bei der Reduktion des Nitrobenzols entstehen?	Der elektrische Strom.
125. Gibt es m-Chinone?	Nein.
126. Wie kann man sich Pyron formal entstanden denken?	Durch Vertauschen einer Carbonylgruppe im p-Chinon durch O.
127. Wie wird Benzophenon bei der Kalischmelze verändert?	Es wird in Benzol und Kaliumbenzonat gespalten.
128. Welchen Riechstoff enthält Waldmeister?	Cumarin.
129. Was ist chemisch betrachtet Cumarin?	Das Lakton der o-Cumarsäure-o-Oxyzimtsäure.
130. Wie wird Anilin technisch gewonnen?	Durch Reduktion von Nitrobenzol mit Eisen und Salzsäure.
131. Welches anorganische Reagens läßt sich zum Nachweis von Pyridin verwerten?	Platinchlorwasserstoffsäure gibt mit Pyridin ein schwerlösliches Chloroplatinat.
132. Nach welcher einfachen Methode kann man Alpha-Picolin gewinnen?	Pyridin vermag als tertiäre Base Methyljodid zu addieren, wobei der dreiwertige Stickstoff in fünfwertigen umgewandelt wird. Beim Erhitzen auf höhere Temperatur erfolgt eine Umlagerung der quaternären Base in das Jodhydrat des Alpha-Picolins - Alpha - Methylpyridin.
133. Welchem Stoff ist Pyridin im chemischen Verhalten im allgemeinen ähnlich?	Dem Benzol.
134. Welches ist die Grundsubstanz der Rosanilinfarbstoffe?	Triamino-Tolyldiphenylmethan.
135. In welchem Naturstoff findet man Benzaldehyd?	Im Glucosid Amygdalin.
136. Welchen Vulgärnamen führt Benzaldehyd?	Bittermandelöl.
137. Woher rührt diese Bezeichnung?	Benzaldehyd ist in bitteren Mandeln enthalten, ferner in Pfirsich- und Kirschkernen.

138. Welche Bruchstücke entstehen bei der Hydrolyse des Amygdalins?	Benzaldehyd, Blausäure und Glucose.
139. Unter dem Einfluß welchen Stoffes erfolgt die Hydrolyse?	Unter dem Einfluß von Säuren, Alkalien oder dem Enzym Emulsin.
140. Wo begegnet man dem Emulsin?	Es ist Regel, daß sich ein Enzym stets in Gegenwart desjenigen Stoffes bildet, den es zu spalten vermag; Emulsin findet man daher ebenso wie Amygdalin in bitteren Mandeln.
141. Wie verfährt man beim Aufbau von Zuckern aus einfachen Bausteinen?	dl-Fructose kann man aus 6 Mol Formaldehyd oder Glycerinaldehyd und Dioxyaceton durch Aldolkondensation erhalten.
142. Was liefern Aldosen bei kräftiger Oxydation?	Tetraoxyadipinsäure.
143. Worauf beruht die quantitative Bestimmung von Aldosen mit Fehlingscher Lösung?	Auf dem Reduktionsvermögen der Aldehydgruppe, die in Aldosen zugegen ist.
144. Welche Zucker liefern das gleiche Osazon?	d-Glucose, d-Mannose und d-Fructose.
145. Was geht daraus hervor?	Daß die Unterschiede zwischen den genannten Zukkern nur in der Anordnung der Atome an den beiden mit Phenylhydrazin reaktionsfähigen C-Atomen hervorgerufen werden.
146. Welche Umwandlung erleidet Äpfelsäure beim Erhitzen?	Unter Wasserabspaltung entsteht ein Gemisch von Fumar- und Maleinsäure.
147. Wie verhält sich dieses Säuregemisch nach dem Erkalten gegen Wasser?	Die Maleinsäure löst sich leicht, während Fumarsäure zurückbleibt.
148. Wodurch unterscheiden sich äußerlich betrachtet die Kristalle von Fumar- und Maleinsäure?	Fumarsäure kristallisiert in kleinen weißen Nadeln, Maleinsäure in großen Tafeln.
149. Welcher Stoff entsteht bei der Abspaltung von Bromwasserstoff aus Monobrombernsteinsäure?	Wird Monobrombernsteinsäure trocken erhitzt, so entsteht Maleinsäure bzw. deren Anhydrid; wird

Frage	Antwort
	aber Monobrombernsteinsäure in Wasser bis zum Sieden erhitzt, findet Verseifung und gleichzeitig Wasserabspaltung aus der entstandenen Oxybernsteinsäure statt, so daß Fumarsäure beim Erkalten ausfällt.
150. Wie verhält sich dieses letztere Produkt beim Erhitzen auf 200°?	Fumarsäure wird in Maleinsäure umgelagert.
151. Wie kann umgekehrt Maleinsäure in Fumarsäure umgelagert werden?	Durch längeres Erhitzen auf 130°.
152. Wodurch unterscheiden sich die Formelbilder von d-, l- und Mesoweinsäure?	Durch die gegenseitige Lagerung der Hydroxylgruppen. Bei d- und l-Weinsäure sind die Hydroxylgruppen diametral im Molekül verteilt, so daß die Formelbilder der optischen Antipoden sich wie Bild zu Spiegelbild verhalten. Bei der Mesoweinsäure liegen die Hydroxyle benachbart, wodurch zum Ausdruck kommt, daß eine Kompensation zwischen den Drehungen der optischen Antipoden stattgefunden hat.
153. Nennen Sie die wichtigsten Tartrate und deren Anwendung?	Weinstein = saures Kaliumtartrat, zur Reindarstellung von Weinsäure. Fehlingsche Lösung = Cupri-Kalium - Natriumtartrat, zur Zuckerbestimmung. Brechweinstein = Kaliumantimonyltartrat, ein Brechmittel.
154. Welche inaktiven Weinsäuren gibt es und wie verhält es sich mit deren Spaltbarkeit?	Mesoweinsäure und Traubensäure. Letztere allein ist spaltbar.
155. Wie kann die Spaltung der Traubensäure vorgenommen werden?	1. Durch fraktionierte Kristallisation der Brucinsalze oder allgemein der

Frage	Antwort
	Salze aktiver Basen; 2. durch Auslesen der Natrium-Ammoniumsalze, deren d- und l-Kristalle sich verhalten wie Bild zu Spiegelbild; 3. durch ein biologisches Verfahren: Penicillium glaucum verzehrt nur d-Weinsäure und läßt l-Weinsäure zurück.
156. Skizzieren Sie den Verlauf der alkoholischen Gärung?	1. Mol Traubenzucker wird unter Wasserabspaltung in Methylglyoxal und Glycerinaldehyd zerlegt. Diese beiden Aldehyde erleiden eine Dismutation (Canizarro) zu Brenztraubensäure und Glycerin unter Beteiligung der Elemente des Wassers. Unter dem Einfluß der in der Hefe vorhandenen Carboxylase wird Brenztraubensäure unter Kohlendioxydabspaltung in Acetaldehyd verwandelt. Letzterer wird mit Methylglyoxal dismutiert, wobei Aethylalkohol und wieder Brenztraubensäure entstehen. Diese zerfällt wieder in Kohlendioxyd und Acetaldehyd usw.
157. Wie heißt der Sammelname für die Enzyme der alkoholischen Gärung?	Zymase.
158. Ist Stärke gärfähig?	Nein.
159. Wie kann Stärke gärfähig gemacht werden?	Durch hydrolytische Zerlegung in Maltose mit überhitztem Wasserdampf.
160. Welches Enzym vermag Stärke zu zerlegen?	Diastase.
161. Welcher Stoff enthält Diastase?	Malz.
162. Wie kann man Alkohol nachweisen?	Durch die Jodoformprobe mit Jod und Kalilauge,

	wobei sich bei Gegenwart von Alkohol Jodoform in gelben Blättern abscheidet. Bei der Benzoesäureesterprobe setzt man zu der prüfenden Substanz in schwach alkalischer Lösung Benzoylchlorid, wobei bei Gegenwart von Alkohol ein charakteristischer angenehmer Geruch auftritt. Ähnlich wird die Essigesterprobe vorgenommen.
163. Welche hauptsächlichsten Nebenprodukte entstehen bei der alkoholischen Gärung?	Glycerin, Bernsteinsäure und Fuselöl.
164. Was ist chemisch betrachtet Fuselöl?	Ein Gemisch von höheren Homologen des Äthylalkohols.
165. Welche Vorstellung hat man zur Zeit von der Bildung des Fuselöls?	Wahrscheinlich stammt das Fuselöl aus den Eiweißstoffen der Hefe und ist aus diesen durch Desaminierung und gleichzeitige Decarboxylierung entstanden.
166. Welche Homologen des Äthylalkohols findet man hauptsächlich im Fuselöl?	Isobutylcarbinol und Sekundärbutylcarbinol.
167. Welche besondere physikalische Eigenschaft hat Fuselöl?	Es dreht die Ebene des polarisierten Lichtes.
168. Welchem von beiden genannten Gärungsamylalkoholen muß diese Eigenschaft zugeschrieben werden?	Dem Sekundärbutylcarbinol.
169. Welchen Sammelnamen führen die Farbstoffe von Blumen und Früchten?	Anthocyane.
170. Wie sind die Anthocyane chemisch aufzufassen?	Als Glucoside.
171. In welche Bruchstücke zerfallen Anthocyane bei der Hydrolyse?	In Glucose und Anthocyanidine.
172. Wie reagieren Anthocyane und Anthocyanidine, sauer oder basisch?	Stark basisch.

173. Wodurch wird diese Eigenschaft hervorgerufen?	Durch die Anwesenheit von vierwertigem Sauerstoff.
174. Wie gibt sich der vierwertige basische Sauerstoff zu erkennen?	Durch Salzbildung (Oxoniumsalze).
175. Nennen Sie noch andere typische Beispiele für Oxoniumsalze?	Äther-, Pyron- und Cineolchlorhydrate.
176. Welche Konstitution hat Citronensäure?	Citronensäure ist eine Oxytricarballylsäure.
177. Wie verfährt man bei der Nitrierung einer aromatischen Verbindung?	Man nitriert mit Salpetersäure bei Gegenwart von konzentrierter Schwefelsäure als Kondensationsmittel.
178. Welchen Einfluß hat die Anwesenheit gewisser Substituenten im Kern (Alkyl-, Hydroxyl- und Aminogruppen) auf die Nitrierung?	Die Nitrierung wird erleichtert.
179. Wie kann Halogen bei der direkten Chlorierung, evtl. in Gegenwart eines Halogenüberträgers, wie Jod, Ferrichlorid, in die Seitenkette einer aromatischen Verbindung dirigiert werden?	Durch Einleiten von Chlor bei Siedetemperatur im hellen Lichte.
180. Wie kann man Phenol in einer einzigen Operation in Benzol verwandeln?	Durch Zinkstaubdestillation im Wasserstoffstrom.
181. Aus welchem Dimethylbenzol kann man Phtalsäure erhalten?	Aus o-Xylol.
182. Auf welche Weise geschieht das?	Durch Oxydation z. B. mit Kaliumpermanganat oder Chromsäure.
183. Was entsteht, wenn man Mesitylen derselben Behandlung unterwirft?	Trimesinsäure.
184. Welche Struktur hat das Fiebermittel Phenacetin?	Phenacetin kann als p-Acetanilid des Phenetols aufgefaßt werden.
185. Wie wird Methylalkohol technisch gewonnen?	Durch trockene Destillation des Holzes.
186. Wie kann Methylalkohol aus dem Destillat isoliert werden?	Durch Abscheidung als Oxalsäuredimethylester und Verseifung desselben.
187. Wie wird qualitativ Stickstoff in organischen Verbindungen nachgewiesen?	Durch Glühen der zu prüfenden Substanz mit Kalium; das hierbei entstandene Cyankali läßt sich

	in Berlinerblau überführen.
188. Wie wird neuerdings Cyankali technisch gewonnen?	Durch Überleiten von Ammoniak über ein stark erhitztes Gemenge von Kohle und Ätzkali.
189. Welches ist die Grundsubstanz der cyclischen Terpene?	Hexahydro-p-Methyl-Isopropylbenzol (Hexahydrocymol) = Menthan.
190. Was bildet sich beim Leiten von Kohlendioxyd über erhitztes Kalium?	Das Kalium lagert sich an Kohlendioxyd unter Bildung von Kaliumoxalat.
191. Wie wird technisch Oxalsäure gewonnen?	Durch Verschmelzen eines Gemenges von Sägespänen und Ätzkali; aus der wässerigen Lösung der Schmelze wird dann die Oxalsäure durch Fällen als Calciumoxalat isoliert.
192. Wie verhält sich Oxalsäure gegen Salpetersäure?	Indifferent.
193. Was entsteht bei der Wasserabspaltung aus Oxalsäure?	Wasser, Kohlendioxyd und Kohlenoxyd.
194. Worauf beruht das Entfernen von Rost- und Tintenflecken mit Kleesalz?	Auf der Löslichkeit von Eisen in saurem Kaliumoxalat als Komplexsalz.
195. Was entsteht bei der Verseifung von Oxalylchlorid?	Salzsäure, Kohlendioxyd und Kohlenoxyd
196. Wie kann man aus Buttersäure Beta-Äthylpyrrolidin gewinnen?	Durch Behandlung von Buttersäure mit Brom entsteht Alpha-Brombuttersäure; dieses Produkt wird mit Natriummalonester verkuppelt, verseift und decarboxyliert liefert. Äthylbernsteinsäure bzw. beim Erhitzen deren Anhydrid (die Anhydridbildung geht hier leichter vonstatten wie bei der Bernsteinsäure). Letzteres Produkt wird im Ammoniakstrom in ein Imid verwandelt (wobei der Brückensauerstoff durch eine Iminogruppe

	ersetzt wird) und bei der Reduktion zunächst in Beta-Pyrrol und schließlich in Beta-Pyrrolidin.
197. Wieviel H-Atome nimmt Naphtalin auf und wie werden sie im Molekül verteilt?	Es werden 4 H-Atome an eine Hälfte des Naphtalinmoleküls angelagert.
198. Welche Konstitution hat Naphtalsäure?	Naphtalsäure ist eine 1,8-Naphtalindicarbonsäure.
199. Welche praktische Bedeutung hat diese Säure?	Infolge leichter Anhydridbildung kann sie wie Phtalsäure zur Gewinnung von Phtaleinen verwertet werden.
200. Welche Salicylsäurederivate sind wichtige Antirheumatica?	Salol = Salicylsäurephenylester und Aspirin = Acetylsalicylsäure.
201. Welche Produkte entstehen bei kräftiger Reduktion von Salicylsäure?	Zunächst entsteht Tetrahydrosalicylsäure, die noch eine Doppelbindung enthält, an die sich Wasser anlagert unter Ringsprengung und Bildung von Pimelinsäure.
202. Beschreiben Sie kurz die technische Gewinnung des Rohrzuckers?	Die Schnitzel, meist von Runkelrüben, werden mit Wasser ausgelaugt, der hierbei erhaltene Rohsaft wird mit Kalk versetzt, wobei Nebenprodukte niedergeschlagen werden, aber auch ein Teil des Rohrzuckers als Saccharat. Aus letzterem wird der Zucker durch Einleiten von Kohlensäure regeneriert (Saturation). Man erhält so den „Dünnsaft", der nach dem Entfärben mit Schwefeldioxyd im Vakuum eingedickt wird, bis sich Kristalle abscheiden, die vom Sirup meist durch Zentrifugieren getrennt werden. Der im Sirup verbliebene Zucker (der

	durch Konzentrieren nicht mehr auskristallisiert) kann, auf ähnliche Weise wie eben beschrieben, über das Strontiumsaccharat gewonnen werden.
203. In welche Komponenten zerfällt Rohrzucker bei der Inversion?	In Glucose und Fructose.
204. Auf welche Weise kann das Hydrolysengleichgewicht nach Verlauf einer gewissen Zeit ermittelt werden?	Mit Fehlingscher Lösung oder mit dem Polarisationsapparat.
205. Welches Enzym beteiligt sich bei der Zuckerinversion?	Invertin.
206. Wo findet man Invertin?	In der Hefe.
207. Warum nennt man die Hydrolyse des Rohrzuckers Inversion?	Weil die ursprüngliche Rechtsdrehung in eine Linksdrehung verwandelt wird und diese dadurch verursacht wird, daß Fructose stärker nach links dreht wie Glucose rechts.
208. Wie verhält sich Milchzucker gegen Fehlingsche Lösung?	Milchzucker reduziert Fehlingsche Lösung.
209. Was geht daraus hervor?	Daß Milchzucker eine freie Aldehydgruppe enthält.
210. Welche Produkte entstehen bei der Hydrolyse von Milchzucker?	Die beiden Aldosen Galactose und Glucose.
211. Wie erhält man Maltose?	Durch Hydrolyse von Stärke.
212. Aus welchen Komponenten besteht Maltose?	Aus 2 Mol Glucose.
213. Welches ist das wichtigste Trisaccharid?	Raffinose.
214. Wo findet man sie?	Im Kristallisationsrückstand der Rohrzuckergewinnung.
215. Welche Spaltungen kann Raffinose erleiden?	Zerfall in 1. d-Glucose, d-Fructose und d-Galactose, 2. Rohrzucker und d-Galactose, 3. Melibiose und d-Fructose.
216. Welches Polasaccharid liefert bei der Hydrolyse nur Fructose?	Inulin.
217. Zu welcher Körperklasse gehört das Gummi?	Zu den Polysacchariden.
218. Wie gewinnt man Pergamentpapier?	Durch Behandlung des ungeleimten Papiers mit

	Schwefelsäure. Dabei findet eine Quellung statt, die im richtigen Augenblick unterbrochen werden muß.
219. Welches sind die bekanntesten Nitrierungsprodukte der Cellulose?	Bei schwacher Nitrierung erhält man Collodium, das mit Campher gemengt Celluloid liefert; bei starker Nitrierung erhält man Schießbaumwolle.
220. Was versteht man unter Mutarotation und wie wird sie hervorgerufen?	Unter Mutarotation versteht man die Drehungsänderung frisch gelöster aktiver Stoffe infolge Änderung der Zahl der asymetrischen C-Atome.
221. An welchem Zucker kann man beispielsweise diese Erscheinung beobachten?	An der Glucose.
222. Wodurch wird die Zahl der asymmetrischen C-Atome in der Glucose geändert?	Dadurch, daß der Hydroxylwasserstoff am Gamma-C-Atom der Glucose an den Aldehydkohlenstoff wandert, der dadurch in ein asymetrisches C-Atom übergeht; hierbei entsteht gleichzeitig eine Sauerstoffbrücke zwischen diesem und dem Gamma-C-Atom.
223. Wie nennt man die neue, aus dem Aldehyd hervorgegangene Form der Glucose?	Halbacetalform.
224. Welche neuen Isomeriefälle treten bei der Glucose durch Bildung eines neuen asymmetrischen C-Atoms ein?	Durch Platzwechsel zwischen dem H-Atom und der Hydroxylgruppe am neuen asymetrischen C-Atom kann man eine Alpha- und Beta-Halbacetalform unterscheiden.
225. Auf welche Weise gelingt die Zerlegung inaktiver, evtl. synthetisch gewonnener Fructose in die aktiven Komponenten?	Die inaktive Fruktose wird zur inaktiven Mannonsäure oxydiert und diese mit Hilfe aktiver Basen in die aktiven Komponenten gespalten. Mit

	Chinolin findet eine Umlagerung in die entsprechenden aktiven Gluconsäuren statt, die sich zu den aktiven Glucosen reduzieren lassen. Die Umwandlung der aktiven Glucosen in die aktiven Fruktosen gelingt über die Osazone und Osone.
226. Könnte man nicht sofort die aktiven Mannonsäuren reduzieren, um die Fructose, jedoch in ihren aktiven Formen zurückzuerhalten?	Das ist unmöglich, weil bei der Reduktion der aktiven Mannonsäuren die entsprechenden aktiven Mannosen entstehen.
227. Was entsteht bei der Reduktion von d-Fructose?	Ein neues asymetrisches C-Atom, also zwei Alkohole: d-Sorbit und d-Mannit.
228. Wodurch unterscheidet sich d-Sorbit von d-Mannit?	Vertauscht man im d-Sorbit H und OH an demjenigen C-Atom, das vor der Reduktion Keto-C Atom der d-Fructose bildete, so erhält man d-Mannit.
229. Wie entstehen formal Methylglucoside?	Durch Ersatz des bei der Mutarotation der Glucose neu entstandenen Hydroxylwasserstoffs durch Methyl.
230. Wie verhält es sich mit der Angreifbarkeit von optisch Isomeren durch Enzyme?	Enzyme greifen nur eine von beiden aktiven Komponenten an.
231. Was geht daraus hervor?	Daß die Enzyme selbst optisch aktiv sind und eine enzymatische Spaltung nur dann eintreten kann, wenn Enzym und zu spaltende Substanz komplementäre Struktur aufweisen.
232. Zu welcher Verbindung polymerisiert sich Cyansäure?	Zu Cyanursäure.
233. Welche tautomeren Formen der Cyanursäurederivate gibt es?	Den Cyanursäurederivaten liegen zwei tautomere Formen, beide von cyclischer Struktur zugrunde: Eine enthält drei Keto-

	gruppen, die durch je eine Iminobrücke verbunden sind. Durch Wanderung des Iminowasserstoffs an den Ketokohlenstoff findet Umlagerung zu einer Trioxyverbindung mit drei Doppelbindungen statt (Cyanursäure).
234. Zu welcher Verbindung gelangt man bei der Kondensation der drei Oxygruppen der Cyanursäure mit Blausäure?	Man erhält Hexacyan.
235. Was ist Melamin?	Cyanursäureamid.
236. Was entsteht durch Einleiten von Chlor in Blausäure?	Chlorcyan, das sich schnell zu Zyanurchlorid polymerisiert.
237. Welche praktische Bedeutung hat diese Verbindung für den Chemiker?	Chlorcyan bzw. Cyanurchlorid kann zur Einführung der Nitrilgruppe verwandt werden.
238. Wie verhält sich Cyanamid bzw. Cyanuramid gegen Wasser?	Es findet unter Wasseraufnahme Bildung von Harnstoff statt.
239. Wie wird technisch Calciumcyanamid gewonnen?	Durch Einwirkung von Stickstoff auf Calciumcarbid bei hoher Temperatur.
240. Welche praktische Bedeutung hat Calciumcyanamid?	Es liefert bei der Hydrolyse Ammoniak und läßt sich als Düngemittel gut verwerten.
241. Was sind Senföle?	Ester der Isothiocyansäure.
242. Welches Senföl ist besonders im Senf enthalten?	Allylsenföl.
243. In welcher Form?	Als Glucosid (myronsaures Kalium).
244. Wie kann man Rhodankalium gewinnen?	Durch Erhitzen von Schwefelkohlenstoff mit Ammoniak.
245. Welche praktische Bedeutung haben Rhodanide für den Chemiker?	Rhodanide sind empfindliche Reagenzien auf Ferriion.
246. Wie entstehen die sogen. Pharaoschlangen?	Durch Verbrennen von Quecksilbercyanid.

Frage	Antwort
247. Wie entstehen Ureide?	Durch amidartige Verkupplung von Harnstoff mit organischen Säuren.
248. Welche Struktur hat Veronal?	Veronal ist das Ureid der Diaethylmalonsäure = Diaethylbarbitursäure.
249. Wie entsteht Sulfonal?	Das Kondensationsprodukt aus Aceton und zwei Mol Methylmercaptan wird durch Anlagerung von je zwei Sauerstoffatomen an das Schwefelatom zu einem Disulfon oxydiert.
250. Wie entstehen Mercaptane und Thioäther?	Durch Alkylierung von Kaliumhydrosulfid bzw. Kaliumsulfid.
251. Wie verhalten sich Thioäther gegen Alkohol?	Es entstehen quaternäre Sulfoniumbasen, ähnlich wie die Ammoniumbasen.
252. Wie verhalten sich Alkoholate und Mercaptide gegen Wasser?	Alkoholate werden sofort hydrolytisch gespalten, Mercaptide dagegen nicht.
253. Wieviel Butanisomere gibt es?	Normales Butan und Isobutan.
254. Wieviel Isomere gibt es vom Pentan?	Normales Pentan, Isopentan und Tetramethylmethan.
255. Was versteht man unter Halogenhydrinen?	Mehrwertige Alkohole, deren Hydroxyle teilweise durch Halogen ersetzt sind.
256. Wie ändert sich die Löslichkeit von mehrwertigen Alkoholen in Wasser mit zunehmender Zahl der Hydroxyle?	Je mehr Hydroxylgruppen im mehrwertigen Alkohol angehäuft sind, um so größer ist dessen Löslichkeit in Wasser.
257. Welche Beziehung besteht zwischen der Zahl der Hydroxylgruppen in mehrwertigen Alkoholen und der Intensität des süßen Geschmacks?	Der süße Geschmack von mehrwertigen Alkoholen tritt um so mehr hervor, je mehr Hydroxylgruppen im Molekül angehäuft sind.
258. Welche Oxydationsprodukte entstehen bei der Oxydation von Glykol?	Glykolaldehyd, Glykolsäure oder auch Glyoxal, Glyoxylsäure, Oxalsäure.
259. Welche hauptsächlichsten Säuren sind in der Rindergalle enthalten?	Cholsäure und Desoxycholsäure.

260. An welche Stoffe sind diese Säuren gebunden?	Amidartig an Glykokoll und Taurin.
261. Welche Struktur hat Taurin?	Aminoäthylsulfosäure.
262. Wodurch zeichnet sich chemisch Äthylenoxyd aus?	Durch Additionsvermögen.
263. Was erhält man bei der Anlagerung von Wasser und Trimethylamin an Äthylenoxyd?	Cholin.
264. Wie kann Cholin in Neurin verwandelt werden?	Durch Abspaltung von Wasser, so daß eine Doppelbindung entsteht.
265. Wo findet man in der Natur Neurin?	Besonders unter den Giftstoffen, die bei der Verwesung von Leichen entstehen.
266. Nennen Sie noch andere Leichengifte?	Ptomaine wie Putrescin (Tetramethylendiamin) u. Cadaverin (Pentamethylendiamin).
267. Welches wichtige Glycerid kommt besonders im Eidotter und Gehirn vor?	Lecithin.
268. Aus welchen Komponenten besteht Lecithin?	Stearinsäure, Palmitinsäure und Phosphorsäurecholinester, gebunden an Glycerin.
269. Was entsteht bei der Einwirkung von einem Gemisch von Salpetersäure und Schwefelsäure auf Glycerin?	Der Salpetersäureester des Glycerins.
270. Wie wird daraus Dynamit gewonnen?	Durch Vermengen des Nitroglycerins mit Kieselgur.
271. Wie kann man vom Glycerin zum Allylalkohol gelangen?	Durch Abspaltung der Hydroxyle des Wasserstoffsuperoxyds aus Glycerin, wobei sich Ameisensäure als Reduktionsmittel eignet.
272. Was entsteht bei der Abspaltung von Wasser aus Glycerin?	Je nach den Versuchsbedingungen entweder Glycidalkohol (ein innerer Äther) oder Acrolein.
273. Welcher Farbe haben Verbindungen, die die Gruppe —CO.CO— enthalten?	Gelbe Farbe.

274. Nennen Sie den einfachsten Vertreter dieser Verbindungen?	Glyoxal.
275. Wann kommt ein asymmetrisches C-Atom zustande?	Sobald vier verschiedenartige einwertige Reste an einem C-Atom auftreten.
276. Welcher mehrwertige Alkohol entspricht bezüglich seiner Stereoisomerie der Weinsäure?	Erythrit.
277. Wieviel asymmetrische C-Atome enthalten Pentite?	2 asymetrische C-Atome.
278. Welches sind die wichtigsten Pentite?	Arabit, Xylit, Adonit.
279. Wieviel asymmetrische C-Atome enthalten Hexite?	4 asymetrische C-Atome.
280. Nennen Sie die wichtigsten Hexite?	Mannit, Sorbit, Dulcit.
281. Welche Stoffe enthält hauptsächlich das amerikanische Erdöl?	Paraffinkohlenwasserstoffe.
282. Welche Hauptfraktionen kann man bei der Destillation des amerikanischen Erdöls unterscheiden?	Bis 150° gehen Petroläther, Benzin und Ligroin über, zwischen 150 und 300° das eigentliche Petroleum; oberhalb 300° geht ein Destillat über, das auf Vaseline verarbeitet wird.
283. Wo sind in der Natur besonders hydroaromatische Verbindungen (Kohlenwasserstoffe) anzutreffen?	Im kaukasischen Petroleum.
284. Was ist chemisch betrachtet Asphalt?	Ein Oxydationsprodukt des amerikanischen Petroleums.
285. Woraus besteht das Braunkohlenteer?	Aus hochsiedenden Paraffinkohlenwasserstoffen.
286. In welchem Teer sind besonders aromatische Verbindungen enthalten?	Im Steinkohlenteer.
287. Welche Produkte entstehen bei der Destillation der Steinkohle bei tiefer Temperatur?	Dieselben Stoffe, die man auch bei der Erdöldestillation gewinnt (Urteer).
288. Was geht aus dieser Tatsache hervor?	Daß wahrscheinlich die aromatischen Verbindungen aus einem Urteer hervorgehen bei einer Temperatur, die gewöhnlich bei der Leuchtgasfabri-

	kation zur Anwendung kommt.
289. Wie verhält sich Benzol bei der Ozonisierung?	Es entsteht ein Triozonid, das bei der Hydrolyse in 3 Mol Glyoxal zerfällt.
290. Was wird durch diesen Vorgang bewiesen?	Daß Benzol drei Doppelbindungen enthält.
291. Wie verhält sich Acetylen bei 500°?	Es polymerisiert sich zu Benzol.
292. Welche Strukturmöglichkeiten zeigen die Homologen des Acetylens?	Die Homologen des Acetylens können entweder als alkylierte Acetylene reagieren oder als Diolefine.
293. Erhöht eine mehrfache Bindung zwischen C-Atomen die Festigkeit der Verbindung?	Nein, im Gegenteil, eine mehrfache Bindung erhöht die Spannung innerhalb des Moleküls, so daß eine Neigung zum Zerfall besteht.
294. Wodurch ist der Acetylenwasserstoff ausgezeichnet?	Er kann durch Metalle ersetzt werden unter Bildung von Acetyliden.
295. Wie verändert sich Tannin, wenn man in einer Lösung desselben anaerob einen Schimmelpilz züchtet?	Das Glucosid-Tannin wird gespalten in Glucose und Gallussäure. Während Glucose vom Pilz verzehrt wird, bleibt Gallussäure übrig.
296. Welche Eigenschaften des Tannins finden praktische Anwendung?	Tannin liefert mit Eisen ein Ferrosalz, das sich an der Luft zu einer blauschwarz gefärbten Verbindung oxydiert und wird daher zur Tintenfabrikation verwandt. Da sich Tannin zu Glucose und Gallussäure hydrolysieren läßt, wird das Pyrogallol zugänglich, das als photographischer Entwickler dient. Ferner hat Tannin die Eigenschaft, die tierische Haut in ein widerstandsfähiges Leder zu verwandeln; man macht davon in der Gerberei Gebrauch. Schließ-

lich hat Tannin eine adstringierende Eigenschaft und erweist sich dadurch beim Stillen von Blutungen nützlich.

297. Wie heißt die einfachste Carbonsäure der Acetylenreihe?

Propiolsäure.

298. Wie kann die Ölsäure aus nichttrocknenden Ölen, wie Fischtran, isoliert werden?

Die Fette werden verseift und die Säuren als Bleisalze gefällt. Das Bleioleat löst sich im Gegensatz zu den übrigen Oleaten in Äther.

299. Wie verhält sich Ölsäure gegen salpetrige Säure?

Es findet eine Umlagerung zu Elaidinsäure statt.

300. Welche Strukturunterschiede sind zwischen Ölsäure und Elaidinsäure zu beobachten?

Cis - trans - Isomerie (die Elaidinsäure ist die cis-Form).

301. Wieviel vollständig hydrierte Phtalsäuren gibt es?

Hexahydrophtalsäure, Hexahydroisophtalsäure, Hexahydroterephtalsäure. Je nach der gegenseitigen Stellung der Carboxyle gibt es von allen diesen Säuren Cis-trans-Isomere.

302. Wie verhält sich Gallussäure beim Erhitzen?

Es findet unter Kohlendioxydabspaltung Bildung von Pyrogallol statt.

303. Was entsteht beim Erhitzen von Zimtsäure mit Kalk?

Es findet unter Kohlendioxydabspaltung Bildung von Styrol statt.

304. Was versteht man unter Allozimtsäuren?

Die polymorphen Isomeren der cis-Zimtsäure.

305. Wie kann man mit Hilfe des Phtalsäureanhydrides zu einem primären Amin gelangen?

Phtalsäure gibt mit Ammoniak behandelt Phtalimid, dessen Iminowasserstoff durch Alkalimetall ersetzbar ist. Verkuppelt man ein solches Phtalimidalkalimetall mit einem Halogenalkyl und hydrolisiert das Kupplungsprodukt, dann erhält man neben Phtalsäure ein primäres Amin.

306. Was entsteht bei der Hydrolyse des 2-Brompropylens?

Zunächst die entsprechende Oxyverbindung, die sich

Frage	Antwort
	aber sofort zu Aceton umlagert.
307. Wie verhält sich Aceton bei energischer Oxydation?	Es findet Molekülsprengung statt unter Bildung von 2 Mol Essigsäure.
308. Gelingt es, aus Benzaldoxim Wasser abzuspalten?	Ja, jedoch nur aus der cis-Form.
309. Welches Alkaloid ist besonders in der Tollkirsche enthalten?	Atropin.
310. Wie verhält sich Atropin bei der Behandlung mit wässerigem Alkali?	Es wird hydrolytisch gespalten in Tropin und Tropasäure.
311. Welche Struktur kommt dem Tropin zu?	Tropin kann als ein Oxycycloheptan mit einem methylierten Brückenstickstoff aufgefaßt werden.
312. Welches ist die Grundsubstanz des Cocains?	Tropin.
313. Welche Spaltstücke liefert Cocain bei der Verseifung?	Ecgonin (Tropincarbonsäure), Benzoesäure und Methylalkohol.
314. Welcher Stoff verleiht dem Schierling seine giftigen Eigenschaften?	Coniin.
315. Welchen Ring enthält Coniin?	Den Pyridinring.
316. Von welcher Grundsubstanz kann Nikotin abgeleitet werden?	Vom Pyridin.
317. Nennen Sie ein Alkaloid, das einen Phenanthrenkern enthält!	Morphin.
318. In welcher Beziehung steht dieses Alkaloid zum Codein?	Codein ist ein methyliertes Morphin.
319. Aus welchem Stoff können die beiden letztgenannten Alkaloide isoliert werden?	Aus dem Opium, dem Milchsaft unreifer Mohnkapseln.
320. Welche Alkaloide erzeugen besonders Starrkrampf?	Strychnin und Brucin.
321. Woraus werden diese Gifte gewonnen?	Aus Brechnüssen.
322. Welches häufig verordnete Fiebermittel wird aus der Chinarinde isoliert?	Chinin.
323. Welchen Kern enthalten Chinin und die Starrkrampfgifte?	Den Chinolinkern.
324. Wieviel Ölsäuren mit 4 C-Atomen kann man unterscheiden?	1. Cis-Crotonsäure, 2. trans-Crotonsäure, 3. Vinylessig-

Frage	Antwort
	säure und 4. Methacrylsäure.
325. Was entsteht bei der Desulfurikation von Thioharnstoff mit Quecksilberoxyd?	Cyanamid.
326. Wie verhält sich Isochinolin bei der Oxydation?	Man erhält je nach den Bedingungen entweder Phtalsäure oder Cinchomeronsäure.
327. In welchen Phasen verläuft die Skraupsche Chinolinsynthese?	Anilin wird mit Acrolein (= Glycerin-2 Mol Wasser) kondensiert und das Ende der Kohlenstoffkette an den Benzolkern angeschlossen durch oxydative Abspaltung des o-Benzol-H-Atoms und eines Methylen-H-Atoms.
328. Welche Produkte entstehen bei der Anlagerung von einem Mol und dann einem weiteren Mol an Gamma-Pyron?	Erst Chromon, dann Xanthon.
329. Wo findet man Derivate dieser Stoffe in der Natur?	In gewissen gelben Pflanzenfarbstoffen.
330. Auf welche Weise könnte man Chelidonsäure synthetisieren?	Durch Kondensation der beiden Methylgruppen des Acetons mit je einem Mol Oxalester zu einem 1, 3, 5 - Triketodicarbonsäureester, der bei der Wasserabspaltung (ein Ketosauerstoffatom und je ein Methylenwasserstoffatom) und Verseifung Chelidonsäure liefert.
331. Wie verhalten sich Pyron und seine Derivate gegen Phenylhydrazin?	Die Ketogruppe des Pyronringes verhält sich gegen Phenylhydrazin indifferent.
332. Wie verhält sich Pyron bei der Hydrolyse?	Unter Wasseranlagerung findet Ringsprengung am O-Atom statt.
333. Woraus besteht im wesentlichen das Pfefferminzöl?	Aus Menthol.
334. Zu welcher Körperklasse gehört chemisch Menthol?	Menthol ist ein Alkohol und leitet sich vom Menthan-Hexahydrocymol, der

Frage	Antwort
	Grundsubstanz der monocyclischen Terpene, ab.
335. Welche Hauptprodukte werden bei der Wasserdampfdestillation des aus Nadelhölzern ausfließenden Harzes gewonnen?	Terpentinöl und Kolophonium.
336. Welcher Stoff bildet den Hauptbestandteil des Terpentinöls?	Pinen.
337. Von welchem Stoff leitet sich Pinen ab?	Pinen ist ein ungesättigter Kohlenwasserstoff (wie die Endsilbe -en andeutet) und leitet sich vom Pinan ab, einem bicyclischen Terpen.
338. Wie kommt eine zweite Ringbildung bei Terpenen zustande?	Dadurch, daß die Isopropylgruppe des Menthans nach innen kappt und mit einem C-Atom des ursprünglichen Menthanringes eine Brücke bildet.
339. Nennen Sie ein symmetrisch gebautes bicyclisches Terpen, in welchem eine Methylengruppe durch eine Ketogruppe ersetzt ist!	Campher.
340. Woraus wird Campher gewonnen?	Entweder aus dem Campherbaum durch Wasserdampfdestillation oder aus Pinen.
341. Woher stammt natürliches Kautschuk?	Aus dem Milchsaft verschiedener tropischer Bäume.
342. Was liefert Kautschuk bei der Destillation?	Isopren.
343. Auf welche Weise kann man künstlich eine kautschukähnliche Masse herstellen?	Durch Anlagerung von Acetylen an die Doppelbindung von Acetonnatrium erhält man einen Stoff, dessen dreifache Bindung durch Reduktion in eine Doppelbindung verwandelt werden kann und zugleich Natrium durch Wasserstoff. Aus diesem so entstandenen Oxyderivat läßt sich die Oxygruppe gemeinsam mit einem H-Atom eines Me-

	thyls abspalten, so daß eine zweite Doppelbindung, also Methylbutadien-Isopren entsteht. Letzteres polymerisiert sich unter dem Einfluß von Salzsäure zu einer kautschukähnlichenMasse.
344. Welchen Zweck hat die Vulkanisierung des Kautschuks?	Der reine Kautschuk erweicht schon bei geringer Erwärmung und verliert diese Eigenschaft bei der Behandlung mit Schwefel bei etwa 120°. ·
345. Nennen Sie ein empfindliches Reagens auf Pyrole!	Ein mit Salzsäure befeuchteter Fichtenholzspan wird von Pyrrol intensiv kirschrot gefärbt.
346. Wie wirkt dasselbe Reagens auf Furan?	Es erzeugt mit Furan Grünfärbung.
347. Wie kann man Thiophen im Benzol nachweisen?	Durch die Indopheninreaktion: Blaufärbung beim Zusatz von wenig Isatin in konzentrierter Schwefelsäure.
348. Wie läßt sich in einer Operation eine Aldehydgruppe in o-p-Stellung in Phenol einführen?	Beim Erhitzen von Phenol mit Chloroform bei Gegenwart von viel Alkali.
349. Wovon hängt die Beständigkeit von Ringen ab?	Von der Zahl der Ringlieder.
350. Wie kann man diese Tatsache erklären?	Denkt man sich ein Kohlenstoffatom als Mittelpunkt eines Tetraeders, so lassen sich die Valenzen als Verbindungslinien zwischen den Eckpunkten und dem Mittelpunkt des Tetraeders darstellen. Bei einer Verkettung mehrerer derartiger Tetraeder müssen dann die C-Atome auf einer gekrümmten Linie liegen. Werden nun die Enden der Kohlenstoffkette zu einem Ring vereinigt, so erleiden allein bei einem

Frage	Antwort
	Fünfring die Valenzen die geringste Ablenkung. Bei Ringen dagegen, die eine größere oder kleinere Zahl von Gliedern aufweisen, müssen die Valenzen eine Ablenkung erfahren; die Folge hiervon ist eine Spannung im Molekül oder m. a. W. eine Neigung zum Zerfall.
351. Wie wird Phenylhydrazin gewonnen?	Durch Reduktion von Diazoniumchlorid. Verwendet man hierbei Natriumsulfit, so entsteht primär Benzol-azo-sulfonsaures Natrium. In der zweiten Phase bewirkt ein weiteres Mol Natriumsulfit Anlagerung von Wasserstoff an die Azo-Doppelbindung, so daß phenylhydrazinsulfonsaures Natrium gebildet wird, das bei der Behandlung mit Salzsäure in das Chlorhydrat des Phenylhydrazins und Natriumhydrosulfat zerfällt.
352. In welcher Weise wird Phenylhydrazin bei der Oxydation verändert?	Es zerfällt in Benzol, Stickstoff und Wasser.
353. Wie kann Carbazol gewonnen werden?	Durch Abspaltung von Ammoniak aus o-Diamidodiphenyl.
354. Wie wird technisch Michlers Keton gewonnen?	Aus Phosgen und Dimethylanilin.
355. Welche wichtigen Farbstoffe kann man aus Michlers Keton herstellen, und wie verfährt man hierbei?	Kristallviolett durch Kondensation von Michlers Keton mit dem p-Wasserstoff von Salzsäure. Hierbei wandert das Chlor an den Stickstoff des Dimethylanilins, wobei eine chinoide Bindung zustande kommt. — Die

Frage	Antwort
	Carbinolbase des Malachitgrüns durch Anlagerung von Phenylmagnesiumbromid an Michlers Keton und Hydrolyse des Additionsproduktes. — Auramin durch Kondensation von Michlers Keton mit der Ammoniumgruppe von Salmiak. Auch hierbei wandert das Halogen an den Stickstoff und bewirkt die Bildung eines chioniden Systems.
356. Wie verhält sich p-Hydrazotoluol gegenüber Säuren?	p-Hydrazotoluol erleidet eine Semidinumlagerung zu o-Amidoditolylamin, wobei also nur die eine Hälfte des p-Hydrazotoluols umgelagert und in o-Stellung zur Aminogruppe verkuppelt wird, weil die p-Stelle besetzt ist.
357. Wie verhält sich Monomethylanilin beim Erwärmen auf 30°?	Es wird zu Toluidin umgelagert.
358. Wie kann man m-Phenylendiamin nachweisen?	m-Phenylendiamin gibt mit salpetriger Säure braune Farbstoffe, vor allem Bismarckbraun.
359. Was entsteht beim Leiten von Kohlenoxyd über erhitztes Kalium?	Hexaoxybenzolkalium.
360. Wie verhält sich Salicin bei der Behandlung mit Kalilauge?	Das Glucosid Salicin wird hydrolysiert und zerfällt in Glucose und Saligenin, der der Salicylsäure entsprechende Alkohol.
361. Von welchem Stoff werden Indoaniline abgeleitet?	Vom Chinonmonimin.
362. Wie erhält man das Indoanilin Phenolblau?	Durch Verkupplung von Chinonmonimin mit Dimethylanilin.
363. Welchen Farbstoff erhält man, wenn man hierbei an Stelle des Chinonmonimins Chinondimin verwendet?	Phenylenblau.

Frage	Antwort
364. Zu welcher Farbstoffgruppe gehört Phenylenblau?	Zu den Indaminen.
365. Was erhält man bei kräftiger Oxydation von Anilin?	Chinon.
366. Welches Zwischenprodukt tritt dabei auf?	Anilinschwarz, ein sehr echter Farbstoff.
367. Welchen Charakter erhalten aromatische Verbindungen bei der Hydrierung?	Olefin- bzw. Paraffincharakter.
368. Welche hydroaromatische Verbindung hat in ihren Eigenschaften große Ähnlichkeit mit Hexiten?	Inosit.
369. Wie kann man diesen Stoff erhalten?	Durch katalytische Hydrierung von Hexaoxybenzol.
370. Welches Methylierungsmittel entwickelt bei der Methylierung Stickstoff?	Diazomethan.
371. Woraus wird dieser Stoff gewonnen?	Durch Zersetzung von Nitrosomethylurethan mit Alkali.
372. Wie kann man sich den Zersetzungsvorgang vorstellen?	In Gegenwart des Alkalis beteiligen sich Hydroxyl und Wasserstoff des Wassers an dem Zersetzungsvorgang. Das Hydroxyl lagert sich an den Äthylrest und tritt mit diesem zusammen als Alkohol aus, während der Wasserstoff des Wassers an den Sauerstoff der Nitrosogruppe wandert, wobei gleichzeitig Abspaltung von Kohlendioxyd erfolgt. Es hinterbleibt Methyldiazoniumhydroxyd, das aber sehr unbeständig ist und sofort intramolekular Wasser abspaltet unter Bildung von Diazomethan.
373. Woraus wird Urethan gewonnen?	Durch Behandlung von Chlorkohlensäureester mit Ammoniak.
374. Was entsteht bei der Verseifung des Urethans?	Es entsteht primär Carbaminsäure, die aber sofort

	in Ammoniak und Kohlendioxyd zerfällt.
375. Was entsteht primär beim Erhitzen von Harnstoff?	2 Mol desselben verbinden sich unter Austritt von Ammoniak zu Biuret.
376. Wie kann man diesen sofort qualitativ erkennen?	Beim Versetzen mit wenig Kupfersulfat entsteht eine violettrote Färbung.
377. In welchen komplizierten Naturstoffen kann man den Biuretkomplex nachweisen?	In Eiweißstoffen.
378. Wie verhält sich Harnstoff gegen salpetrige Säure?	Harnstoff enthält 2 primäre Aminogruppen, die bei der Behandlung mit salpetriger Säure in normaler Weise diazotiert werden; das Diazoprodukt zerfällt aber leicht in Kohlendioxyd und Stickstoff.
379. Wie wird Pyrogallol bei der Entwicklung einer photographischen Platte verändert?	Es wird oxydiert; hierbei treten 2 Pyrogallomoleküle unter Bildung von Hexaoxydiphenyl zusammen.
380. Wie verhält sich Diacetyl gegenüber Alkalien?	2 Mol desselben kondensieren sich zu p-Xylochinon.
381. Wie verhält sich dagegen Dibenzoyl-Benzil bei der Kalischmelze?	Kaliumhydroxyd wird an Benzil angelagert, wobei gleichzeitig eine Umlagerung zu Diphenylglykolsäure erfolgt.
382. In welches Produkt wird Phenylisokrotonsäure beim Erhitzen verwandelt?	In Alpha-Oxynaphtalin unter Wasserabspaltung.
383. Nennen Sie ein Beispiel für eine desmotrope Umwandlung eines Anthracenderivates!	Das Keto-Enolgleichgewicht zwischen Anthranol-Anthron (Wanderung des meso-Wasserstoffs).
384. Wie könnte man Vanillin synthetisieren?	Man kann Brenzkatechin einmal zu Guajacol methylieren und in p-Stellung zur intakten Hydroxylgruppe jenes Stoffes eine Aldehydgruppe einführen. Das kann entweder mit

	Chloroform und Kalilauge geschehen oder durch Einwirkung von Salzsäure und Blausäure bei Gegenwart von Aluminiumchlorid.
385. Beschreiben Sie den Mechanismus der letztgenannten Reaktion!	Salzsäure und Blausäure bilden vielleicht ein Formiminchlorid, das in normaler Weise in Gegenwart von Aluminiumchlorid mit einem Benzolwasserstoffatom reagiert. Mit dem Formaminchlorid entsteht so ein Aldimin, das bei der Hydrolyse in einen Aldehyd verwandelt wird.
386. Wie kann man Vanillin in künstliches Heliotrop verwandeln?	Man verseift Vanillin zu dem Dioxyaldehyd (Protokatechualdeyd) und bringt es als Diphenolat mit Dichlormethan in Reaktion; hierbei entsteht ein cyclischer Äther (Piperonal).
387. Welcher Stoff ist in beträchtlichen Mengen im Anisöl enthalten?	Anethol.
388. Welche Struktur hat Anethol?	Anethol ist ein Crotonylanisol.
389. Was liefert dieser Stoff bei der Oxydation?	Anissäure.
390. Wie wird technisch Saccharin gewonnen?	Das Ausgangsmaterial für die Saccharinsynthese ist Toluolsulfochlorid. Dieses wird mit Ammoniak in das entsprechende Amid verwandelt und zum Benzoesäuresulfamid oxydiert, aus welchem unter intramolekularer Wasserabspaltung Saccharin hervorgeht.
391. Aus welchem Stoff kann man durch intramolekulare Wasserabspaltung Acridon erhalten?	Aus Phenylanthranilsäure.

392. Wie kann man Benzol acylieren?	Mit einem Säurechlorid bei Gegenwart von Aluminiumchlorid.
393. Wie verhält sich Benzaldehyd in starkem Alkali?	Es erfährt eine Dismutation zu dem Alkalisalz der Benzoesäure und Benzylalkohol.
394. Wie verhält sich Benzylchlorid gegen Bleinitratlösung?	Zunächst wird Benzylchlorid zum Benzylalkohol verseift und weiter zum Benzaldehyd oxydiert.
395. Auf welche Weise kann man Alizarinblau herstellen?	Durch Kondensation von v-Amidoalizarin mit Acrolein u. Ringschluß durch Oxydation mit Arsensäure.
396. Wie heißt die Beta-Carbonsäure des Pyridins und aus welchem natürlich vorkommenden Stoff läßt sich diese gewinnen?	Nikotinsäure durch Oxydation von Nikotin.
397. Wie wirkt Formaldehyd auf Alpha-Picolin?	1 H-Atom der Methylgruppe des Alpha-Picolins wandert zum O-Atom des Formaldehydes, während sich der übrigbleibende einwertige Picolylrest an das C-Atom des Formaldehydes anlagert unter Bildung von Alpha-Picolylalkin.
398. Wie kann man, ausgehend vom Acetessigester, zum Collidin gelangen?	2 Mol Acetessigester (in der Enolform) werden mit Ammoniak und Acetaldehyd kondensiert zu Dihydrocollidindicarbonsäureester. Dieser verliert bei der Behandlung mit salpetriger Säure 2 H-Atome unter Bildung vonCollidindicarbonsäureester, der bei der Verseifung und Kohlendioxydabspaltung in Collidin übergeht.
399. Wodurch kann die Basizität von Anilin herabgesetzt werden?	Durch Einführung einer sauren Gruppe, wie z. B.

	einer Nitrogruppe, in den Kern.
400. Wie reagiert o - Phenylendiamin mit salpetriger Säure?	Es entsteht Azimidobenzol, wobei vielleicht primär eine Aminogruppe in eine Diazogruppe übergeht, welch letztere mit der benachbarten Aminogruppe unter Wasseraustritt und Ringschluß reagiert.
401. Wie entsteht Phenylisocyanat?	Aus Phosgen und Anilin.
402. Welche praktische Bedeutung hat Phenylisocyanat für die qualitative organische Chemie?	Phenylisocyanat ist ein Reagens auf Alkohole.
03. Wie wird technisch Diphenylamin gewonnen?	Durch Erhitzen von Anilin mit Anilinchlorhydrat.
404. Wozu wird Diphenylamin in der anorganischen Chemie gebraucht?	Diphenylamin in konzentrierter Schwefelsäure ist ein empfindliches, jedoch nicht spezifisches Reagens auf Salpetersäure (Blaufärbung).
405. Welche Valenz haben die N-Atome in Diazotaten?	Beide sind dreiwertig.
406. Welche Veränderung erfährt ein Diazotat beim Aufbewahren?	Es lagert sich in das stereoisomere Isodiayotat um.
407. Wie nennt man Säuren, die nur unter Umlagerung Salze bilden können?	Pseudosäuren.
408. Was erfolgt beim Ansäuern eines Diazotates?	Es bildet sich das Diazoniumsalz zurück.
409. Wie kann die Diazogruppe durch Halogen ersetzt werden?	Durch Erwärmen der Diazoniumchloride mit Cuprohalogenid) der Ersatz durch Jod gelingt schon mit Kaliumjodid.
410. Auf welchem Wege kann man, vom Naphtalin ausgehend, zum Indigo gelangen?	Naphtalin liefert bei der Oxydation Phtalsäure, die bei der Entwässerung in ein Anhydrid übergeht. Dieses gibt mit Ammoniak Phtalimid, das Kaliumhydroxyd aufnimmt unter Bildung von phtaliminsaurem Kalium. Nach

einer Abbaumethode z. B. nach Hofmann kann daraus die Carbonylgruppe mit Brom und Kalilauge abgespalten werden, wobei Anthranilsäure entsteht. Die Aminogruppe derselben kann nun mit Chloressigsäure verkuppelt werden zu Anthranilessigsäure, die beim Erhitzen mit Alkalien Wasser verliert, wobei der Carbonylsauerstoff u. die Methylen-H-Atome als Wasser austreten. Hierbei entsteht Indoxylsäure, die nunmehr eine Hälfte des Indigweißmoleküls enthält, aber sofort in Gegenwart des Alkalis Kohlendioxyd verliert und in Indoxyl übergeht. Schon an der Luft verbinden sich 2 Indoxylmoleküle unter Aboxydation des Wasserstoffs aus je einer Methingruppe zunächst zu Indigweiß, der Leukoverbindung des Indigos, aus der schließlich unter Aboxydation der Hydroxylwasserstoffatome Indigo selbst hervorgeht.

411. In welchem natürlich vorkommendem Stoff findet man Indoxyl?

Im Glucosid Indican.

412. Wie kann man von der Anthranilsäure zur Anthranilessigsäure gelangen, wenn keine Chloressigsäure zur Verfügung steht?

Man kondensiert in diesem Falle am besten die Aminogruppe der Anthranilsäure mit Formaldehyd, wobei eine Doppelbindung entsteht, an welche Blausäure unter Bildung eines Nitrils angelagert werden kann,

	das bei der Verseifung Anthranilessigsäure liefert.
413. Auf welchem Wege ist Isatin darstellbar?	Benzoylchlorid gibt bei der Behandlung mit Silbercyanid das Nitril der Benzoylameisensäure, das bei der Verseifung die Säure selbst liefert. Bei der Nitrierung derselben entsteht o-Nitrobenzoylameisensäure, die zur o-Aminobenzoylameisensäure reduziert werden kann. Durch intramolekulare Wasserabspaltung entsteht daraus Isatin.
414. Wie erhält man Indigo aus Isatin?	Isatin wird durch Phosphorpentachlorid in das Chlorid verwandelt; 2 Moleküle desselben geben zusammen reduziert Indigo.
415. Was entsteht beim Einleiten von Kohlenoxyd in erhitztes Kaliumhydroxyd?	Ameisensaures Kalium.
416. Wie kann man aromatische Kohlenwasserstoffe aus den Sulfosäuren derselben zurückgewinnen?	Durch Einwirkung von überhitztem Wasserdampf.
417. Wie kann man am besten verfahren bei der Anlagerung von H einerseits und Alkyl oder Aryl anderseits an eine Doppelbindung?	Man bedient sich der Methode von Grignard: Alkyl- bzw. Arylhalogenid gibt in ätherischer Lösung mit Magnesium ein Additionsprodukt, das an ungesättigte Systeme (ausgenommen Olefine und Acetylene) angelagert werden kann unter Bildung von Stoffen, die bei der Hydrolyse die gewünschten Produkte liefern.
418. Wie wird das Phenylhydrazon von Aceton beim Erhitzen mit Chlorzink verändert?	Zwei H-Atome aus der Methylgruppe und ein drittes aus dem Benzolkern treten mit dem am Ketokohlenstoff haftenden

	Stickstoff als Ammoniak unter Bildung von Alpha-Methylindol aus.
419. Was entsteht beim Erhitzen der Weinsäure mit Kaliumpyrosulfat?	Brenztraubensäure.
420. Wie kommen Laktide zustande?	Durch Veresterung zwischen 2 Mol Alpha-Oxysäure.
421. Wie verhalten sich Beta-Oxysäuren beim Erhitzen?	Unter intramolekularer Wasserabspaltung entstehen cyclische Ester, sogenannte Laktone.
422. Welche Struktur wird dem Glykokoll zugeschrieben?	Cyclische; man nimmt an, daß der Carboxylwasserstoff an den Stickstoff wandert, wobei gleichzeitig ein Ring mit einer Sauerstoffbrücke entsteht.
423. Wodurch wird die Ringformel des Glykokolls bestätigt?	Die 3 am N-Atom haftenden H-Atome sind durch Alkyl ersetzbar; so ist z. B. Betain ein Trimethylglykokoll.
424. Welche einfachste Aminosäure ist optisch aktiv?	Alanin.
425. Welche Struktur hat Leucin?	Leucin ist eine Alpha-Aminoisocapronsäure und enthält ein asymetrisches C-Atom.
426. Wie läßt sich, ausgehend von der Barbitursäure, Coffein erhalten?	In die Methylengruppe der Barbitursäure kann durch Behandlung mit salpetriger Säure und nachfolgender Reduktion des Oxims eine primäre Aminogruppe eingeführt werden, wodurch Uramil entsteht. Zwischen die Aminogruppe desselben und dem hiermit verbundenen C - Atom läßt sich Cyansäure unter Bildung eines neuen Harnstoffrestes einschieben, dessen primäre Aminogruppe mit dem Malonylrest kondensiert wird Die so ent-

Frage	Antwort
	standene Harnsäure wird mit Phosphoroxychlorid zu 2, 6, 8 - Trichlorpurin chloriert und mit Natriumäthylat behandelt, wobei nur die Chloratome von 2 und 6 durch Äthoxyl ersetzt werden. Es resultiert daher ein 2,6-Diätoxyl-8-chlorpurin, das sich zu 2,6-Dioxy-8-chlorpurin verseifen und zu Chlorcaffein methylieren läßt. Bei der Reduktion dieses Stoffes mit Zinkstaub kann man Caffain selbst daraus erhalten.
427. In welcher Weise wird s-Triamidobenzol beim Erhitzen mit Salzsäure verändert?	Es entsteht Phloroglucin.
428. Wie reagiert Phloroglucin mit Hydroxylamin?	Es entsteht ein Triketoxim.
429. Was geht aus dieser Tatsache hervor?	Daß Phloroglucin in zwei tautomeren Formen zu existieren vermag, in einer Enol- und einer Ketoform.
430. Welche Struktur haben Stilben und Tolan?	Stilben-Dibenzal, Tolan-doppelt phenyliertes Acetylen
431. Wie wird die Farbe eines Farbstoffes durch Alkylierung oder Arylierung beeinflußt?	Anhäufung von Alkyl- oder Arylgruppen im Farbstoffmolekül hat eine Verschiebung der Farbe von Rot nach Blau zufolge.
432. Wie könnte man beweisen, daß den Triphenylmethanfarbstoffen das Triphenylmethan zugrunde liegt?	Durch Diazotierung des Triaminotriphenylmethans u. Verkochen mit Alkohol entsteht Triphenylmethan.
433. Wie entsteht Methylorange?	Durch Verkupplung von Diazobenzolsulfosäure mit Dimethylanilin. Sulfanilsäure ist als inneres Ammonsalz aufzufassen.
434. Welche Struktur hat Sulfanilsäure?	Sulfanilsäure ist als inneres Ammonsalz aufzufassen.

435. Wodurch ist man hierzu berechtigt?	Sulfanilsäure gibt mit salpetriger Säure ein Diazoprodukt, aus welchem die Elemente des Wassers, die an der Diazogruppe haften, leicht abgespalten werden unter Bildung einer ringförmig konstituierten Diazobenzolsulfosäure.
436. Welche Phasen durchläuft der Hoffmannsche Abbau?	Die Wasserstoffatome der Säureamidgruppe werden nacheinander durch Brom und Natrium ersetzt. Aus der Enolform der hierbei erhaltenen Verbindung wird Bromnatrium abgespalten, wobei ein Isocyanat entsteht, das bei der Behandlung mit Kalilauge ein primäres Amin und Kaliumcarbonat liefert.
437. Welche Phasen durchläuft der Curtiussche Abbau?	Beim Curtiusschen Abbau geht man vom Säurehydrazid aus (das z. B. aus einem Säurechlorid mit Hydrazin gewonnen werden kann), diazotiert, wobei ein Azid mit einem N-Dreiring entsteht, das aber beim Erwärmen leicht die beiden Azo-N-Atome verliert und in Isocyanat übergeht. Bei der Behandlung desselben mit Kalilauge entsteht wie beim Hofmannschen Abbau ein primäres Amin.
438. Worauf beruht das Reduktionsvermögen der Ameisensäure?	Ameisensäure vermag als Aldehyd zu reagieren.
439. Wie wird Ameisensäure beim Erhitzen zersetzt?	Ameisensäure zerfällt beim Erhitzen in Kohlendioxyd und Wasserstoff.
440. Kann man Ameisensäure chlorieren?	Nein, Formylchlorid ist nicht existenzfähig.

441. Wie verhält sich Hexaphenyläthan in Lösung?	Es dissociiert in zwei einwertige Triphenylmethylreste, die sich durch Additionsvermögen auszeichnen.
442. Wie kann man die Addition von Chlor durch Triphenylmethylreste äußerlich erkennen?	Die gelbe Farbe des Triphenylmethyls verschwindet.
443. Wie verhält sich eine Lösung von Tetraphenylhydrazin beim Erwärmen?	Tetraphenylhydrazin wird bei etwa 80° deutlich in Diphenylstickstoffionen dissociiert.
444. Wie kann man schnell Schwefelkohlenstoff nachweisen?	Mit alkoholischer Kalilauge entsteht die Kaliumverbindung des Dithiokohlensäureesters (Xanthogensaures Kalium), die sich leicht in das gelbe Cuprisalz überführen läßt, ferner entsteht mit Triäthylphosphin eine Additionsverbindung, die in charakteristischer Weise rot kristallisiert.
445. Ist Hydrazoncyanat beständig?	Nein, es lagert sich zu Semicarbazid um.
446. Welche Veränderung erfährt Thioharnstoff beim Erhitzen?	2 Mol desselben verbinden sich unter Austritt von Schwefelkohlenstoff zu Guanidinrhodanat.
447. Was entsteht bei der Einwirkung von Ammoniak auf Cyanamid?	Guanidin.
448. Wie kann man Harnsäure nachweisen?	Harnsäure gibt bei der Oxydation mit Salpetersäure Alloxantin, das mit Ammoniumcarbonat in violettrotes Murexid verwandelt wird.
449. Wie kann man Kreatin synthetisieren?	Durch Kondensation von Cyanamid mit Methylglykokoll (Sarkosin).
450. Welche Struktur hat demnach Kreatin?	Kreatin ist eine Methylguanidinessigsäure.
451. Welche Stoffe entstehen bei der Behandlung der Aminosäureester mit salpetriger Säure?	Diazofettsäureester.

452. Wie reagieren 2 Mol Alpha-Aminosäure miteinander?	Es findet zweimalige Kondensation statt zu ringförmigen Diazipiperazinen
453. Welchem Element ist der Azidkomplex in seinem Verhalten sehr ähnlich?	Dem Chlor.
454. Welches Nebenprodukt entsteht bei der Acetylierung mit Säureaziden?	Stickstoffwasserstoffsäure.
455. Welches Zwischenprodukt entsteht bei der Verseifung eines Nitrils?	Ein Säureamid.
456. Was entsteht beim trockenen Erhitzen von fettsauren Ammonsalzen?	Säureamide.
457. In welcher Beziehung stehen 1,4-Diketone zu Heteroringen?	1,4-Diketone geben unter Wasseraustritt Furanderivate, mit Schwefelwasserstoff Thiophene, mit Ammoniak Pyrrole.
458. Wie kann Diacetyl gewonnen werden?	Die Methylengruppe von Methyläthylketon gibt bei der Behandlung mit salpetriger Säure ein Ketoxim, das zu Diacetyl verseift werden kann. An Stelle der salpetrigen Säure kann man auch mit p-Nitrosodimethylanilin kondensieren und das hierbei entstandene Kondensationsprodukt hydrolysieren.
459. Wie kann man von der Zimtsäure zum Carbostyril gelangen?	Man nitriert Zimtsäure zu o-Nitrozimtsäure, reduziert zur Aminozimtsäure und spaltet daraus Wasser ab. Durch Wanderung des H-Atoms zwischen Stickstoff und dem mit Sauerstoff beladenen C-Atom entstehen zwei tautomere Formen, wonach Carbostyril bald als Keton, bald als Oxyverbindung erscheint.

Frage	Antwort
460. Wie kann man sekundäre Nitrokörper nachweisen?	Mit salpetriger Säure liefern dieselben blaues Pseudonitrol, eine Nitrosoverbindung.
461. Wie können aliphatische Nitrokörper gewonnen werden?	Durch Behandlung der Alkylhalogenide mit Silbernitrit.
462. Wie verhalten sich Amine gegen salpetrige Säure?	Primäre Amine geben mit salpetriger Säure unter Stickstoffentwicklung Alkohole, sekundäre Nitrosamine, tertiäre reagieren mit salpetriger Säure überhaupt nicht.
463. Wie reagieren 2 Mol Acetaldehyd miteinander?	Es bildet sich zunächst Aldol, ein Kondensationsprodukt, das aber sehr leicht unter Wasserabspaltung in ungesättigten Crotonaldehyd übergeht.
464. Auf welche Weise kann Acetaldehyd bei der alkoholischen Gärung abgefangen werden?	Mit Natriumbisulfit.
465. Wie verhält sich ein Aldehyd gegen Ammoniak?	Es findet Anlagerung des Ammoniaks statt.
466. In welchem Falle entsteht bei der Destillation von fettsaurem Calcium ein Aldehyd?	Wenn man fettsaures Calcium mit ameisensaurem Calcium destilliert.
467. Welche Produkte entstehen bei der Verseifung von Isonitrilen?	Ein primäres Amin und Ameisensäure.
468. Ein primäres Amin soll nachgewiesen werden durch Bildung eines Stoffes, der sich durch den Geruch zu erkennen gibt. Wie kann man hierbei verfahren?	Durch Destillation der zu untersuchenden Substanz mit Chloroform und Kalilauge. Bei Gegenwart eines primären Amins entstehen hierbei übelriechende Isonitrile.
469. Auf welchem einfachen Wege könnte man Äthylalkohol in Propylalkohol verwandeln?	Unter Verwendung einer Halogenphosphorverbindung ersetzt man die alkoholische Hydroxylgruppe durch Halogen und behandelt das hierdurch entstandene Halogenid mit Cyankali, wodurch ein Austausch des

Halogens gegen die Nitrilgruppe stattfindet. Letztere läßt sich bei energischer Reduktion in ein primäres Amin verwandeln, das ein C-Atom mehr enthält als das Ausgangsmaterial. Bei der Einwirkung von salpetriger Säure auf das primäre Amin findet unter Stickstoffentwicklung Ersatz der Aminogruppe durch alkoholisches Hydroxyl statt. Man kann auch das Nitril verseifen; hierbei erhält man dasselbe Endprodukt wie bei der erstgenannten Methode.

470. Wie werden Phosphine beim Stehen in offenen Gefäßen verändert?

Phosphine werden schon durch den Luftsauerstoff leicht oxydiert, bisweilen so energisch, daß Selbstzündung eintritt. Hierbei entstehen Phosphinsäuren (Phosphorsäure, deren Hydroxyle teilweise oder ganz durch Alkyl ersetzt sind).

471. Welches empfindliche Reagens liefert mit Essigsäure einen Stoff, der sich durch einen charakteristischen Geruch zu erkennen gibt?

Arsenige Säure gibt bei der Destillation mit einem Acetat übelriechendes Kakodyloxyd.

472. Welche Arsenverbindung entspricht dem Tetramethylhydrazin, und wie kann die fragliche Verbindung erhalten werden?

Kakodyl entspricht dem Tetramethylhydrazin, das man bei der Entchlorierung von Kakodylchlorid erhält.

473. Welche Konstitution hat Salvarsan?

Diaminodioxyarsenobenzol.

474. Aus welcher Schwefelverbindung kann man Methan gewinnen?

Aus Schwefelkohlenstoff.

475. Wie verfährt man hierbei?

Man reduziert Schwefelkohlenstoff bei etwa 600° und benutzt hierbei Kup-

	fer als Entschweflungsmittel.
476. Wie verhalten sich Paraffine gegen Chlor?	Paraffine werden von Chlor angegriffen unter Bildung von Substitutionsprodukten.
477. Ist Zinkäthyl in Wasser beständig?	Nein, es zerfällt sofort unter Bildung von Äthan.
478. Wie kann man aus Natriumacetat Methan herstellen?	Durch Erhitzen mit Natronkalk.
479. Wie knönen sekundäre aliphatische Amine unter Benutzung von Anilin gewonnen werden?	Man alkyliert Anilin und behandelt das erhaltene Dialkylanilin mit salpetriger Säure, wodurch in p-Stellung eine Nitrosogruppe eingeführt wird. Das Nitrosodialkylanilin erleidet beim Erhitzen mit Alkali eine Spaltung in Nitrosophenol und ein sekundäres aliphatisches Amin.
480. Wie verhält sich Diazoamidobenzil bei Gegenwart eines Anilinsalzes?	Es wird zu p-Amidoazobenzol umgelagert.
481. Was erhält man bei der vorsichtigen Oxydation von aliphatischen Hydrazinderivaten mit Quecksilberoxyd?	Aliphatische Diazoverbindungen.
482. Wie kann man von einem Aldehyd ausgehend zu einer Alpha-Aminosäure gelangen?	Durch Behandlung des durch Anlagerung von Blausäure an einen Aldehyd erhaltenen Cyanhydrins mit Ammoniak und nachfolgende Verseifung des hierbei entstandenen Produktes oder durch Kondensation eines Aldehydes mit Benzoylglykokoll (Hippursäure) Reduktion der hierdurch entstandenen ungesättigten Verbindung und Abspaltung der Benzoylgruppe durch Verseifung.
483. Wie verhalten sich Azofarbstoffe gegen Reduktionsmittel?	Alle Azofarbstoffe werden unter Aufnahme von 4 H-

	Atomen an der Hydrazinbindung gespalten in primäre Amine.
484. Welche Konstitutionsänderung ist verknüpft mit dem Farbumschlag von Methylorange?	Das gelbe Natriumsalz leitet sich von der Azoform ab und gibt beim Versetzen mit einer Säure z. B. Salzsäure ein rotgefärbtes chionides Salz, wobei der mit 2 Methylgruppen beladene Stickstoff ein Chloratom aufnimmt und in die 5wertige Form übergeht, während ein Azo-N-Atom das H-Atom der Salzsäure aufnimmt.
485. Worauf beruht die direkte Färbbarkeit von Seide und Wolle?	Auf der amphoteren Natur dieser eiweißähnlichen Stoffe, die entweder saure oder basische Farbstoffe binden können.
486. Welches sind die wichtigsten auxochromen Gruppen?	Die saure Hydroxylgruppe und die basische Aminogruppe.
487. Wie kann man saure und basische Farbstoffe auf die chemisch indifferente Baumwolle aufziehen?	Zur chemischen Bindung des Farbstoffs auf der Faser muß die Baumwolle vor dem Färben mit einer Beize imprägniert werden. Diese Beize besteht entweder aus basischen Schwermetallhydroxyden oder saurem Tannin, je nachdem, ob mit einem sauren oder basischen Farbstoff gefärbt werden soll.
488. Welches sind die wichtigsten chromophoren Gruppen?	Azo-, Nitroso-, Nitrogruppe.
489. Stoffe, die eine dieser Gruppen enthalten, sind häufig gefärbt; warum sind sie trotzdem keine Farbstoffe?	Weil ihnen eine auxochrome Gruppe fehlt, die die latenten Färbeeigenschaften der chromophoren Gruppen auslösen.
490. Welche Stoffe entstehen bei der Kondensation von Diazoverbin-	Azokörper, die sich aber zu Hydrazonen umlagern.

dungen mit Enolen und Aci-Nitrokörpern?	
491. Wie verhält sich ein Dioxyanthrachinon gegen rauchende Schwefelsäure?	Das Dioxyanthrachinon wird oxydiert zu höheren Phenolen wie Alizarinbordeaux, Anthracenblau.
492. Mit welchem anorganischen Stoff liefern Phenole und Enole eine charakteristische Färbung?	Mit Ferrichlorid.
493. Wie kann man das Keto-Enolgleichgewicht bestimmen?	Durch Titration mit eingestellter Bromlösung.
494. Welchem Stoff ist Thiophen in seinen Eigenschaften sehr ähnlich?	Dem Benzol.
495. Auf welche Weise kann man Pyrrol zum Pyridinring erweitern?	Durch Erhitzen von Pyrrolkalium mit Chloroform.
496. Wie verhält sich Pyrrol in alkalischer Lösung gegen Jod?	Es entsteht sofort Jodol-Tetrajodpyrrol.
497. Wohin wandern 2 H-Atome bei der Reduktion des Pyrrols zu Pyrrolin?	In Alpha-Alpha', wobei eine Verschiebung der Doppelbindung stattfindet.
498. Welche Struktur hat Prolin und wo findet man diesen Stoff?	Prolin ist eine Alpha-Pyrrolidincarbonsäure und findet sich in den Eiweißspaltprodukten.
499. Welches Pyrrolderivat läßt sich aus dem Blut- und Pflanzenfarbstoff isolieren?	Hämopyrrol-Dimethyläthylpyrrol.
500. Welches Produkt entsteht bei der Anlagerung von Blausäure an Benzaldehyd?	Mandelsäurenitril.
501. Welche Carbonsäure enthält Atropin, und welche Struktur hat die fragliche Säure?	d-l-Tropasäure-Phenylhydracrylsäure.
502. Welche Struktur hat Alizarin, und woraus wird dieser Stoff gewonnen?	Alizarin ist ein Dioxyanthrachinon und wird aus Anthrachinonsulfosäure durch Verschmelzen mit Ätzkali und Kaliumchlorat oder durch Kondensation von Phtalsäureanhydrid und Brenzkatechin gewonnen.
503. Welches Glucosid findet man in der Krappwurzel?	Purpurin-Glucosid des Dioxyanthrachinons.
504. Was versteht man unter Lacken?	Metallsalze von Farbstoffen.

Frage	Antwort
505. Welche Struktur hat Indanthren?	Indanthren ist die Verknüpfung von zwei Anthrachinonkernen durch zwei Iminogruppen.
506. Wodurch zeichnen sich die Methylen-H-Atome des Fluorens aus?	Durch besondere Beweglichkeit.
507. Wodurch wird diese Erscheinung verursacht?	Durch die Lage der Methylengruppe zwischen zwei Doppelbindungen.
508. Nennen Sie noch ähnliche Beispiele!	Cyclopentadien, Inden.
509. Welche tautomeren Formen kann man am Dihydroresorcin beobachten?	Diketohexamethylen und ein ungesättigtes Oxyketon.
510. Welcher Stoff entsteht bei der Anlagerung von Diazomethan an Acetylen?	Pyrazol.
511. Wie kann Antipyrin synthetisiert werden?	Durch Kondensation von Acetessigester mit Phenylhydrazin entsteht ein 1-Phenyl-3-methyl-5-pyrazolon, das nochmals am Stickstoff methyliert wird.
512. Welcher einfache Weg führt zu Glyoxalinderivaten?	Man kondensiert 1,2-Diketone mit Ammoniak und Formaldehyd.
513. Welche Struktur hat Histidin?	Histidin ist ein Beta-Imiddazol-Alanin.
514. Wie kann man künstlich Cumaronharze herstellen?	o-Oxychlorstyrol spaltet bei der Behandlung mit Alkali Chlorwasserstoff ab, und es entsteht Cumaron, das sich sehr leicht zu Harzen polymerisiert.
515. Wie werden Pyrone bei der Einwirkung von Ammoniak verändert?	Es entstehen Oxypyridine (Pyridone).
516. Was versteht man unter R-Säure?	Beta-Naphtoldisulfosäure.
517. An welchen Platz bewegt sich der Diazorest bei der Verkupplung mit Beta-Naphtolen?	In Beta-Stellung.
518. Welche hauptsächlichsten Alaninderivate findet man im Eiweiß?	Phenylanalin und dessen Oxyderivat Tyrosin, ferner Cystin, in welchem die Beta-C-Atome von

	zwei Alaninmolekülen durch eine Brücke aus zwei S-Atomen verknüpft sind.
519. Wie wirkt überschüssiger Jodwasserstoff auf mehrwertige Alkohole?	Reduzierend.
520. Was erfolgt beim Einleiten von Chlor in Jodbenzol in der Kälte?	Es findet Anlagerung von zwei Atomen Chlor statt, wobei das Jod in den dreiwertigen Zustand übergeht.
521. Welcher Stoff entsteht bei der Verseifung des Phenyljodidchlorides?	Das Hydrat des Jodosobenzols $C_6H_5J{=}O$,
522. Welches Nebenprodukt entsteht hierbei und wie erfolgt die Bildung desselben?	Es entsteht nebenher durch Disproportionierung des Jodosobenzols Jodobenzol $C_6H_5J\langle^{O}_{O}$, das mit einem weiteren Mol Jodosobenzol unter Abspaltung von Jodat eine Jodoniumbase $(C_6H_5)_2J.OH$ liefert.
523. Welcher Stoff entsteht bei der Hydrierung von Diazoessigester?	Hydraziessigester.
524. Wie wird dieser Stoff bei der Hydrolyse zerlegt?	In Hydrazin, Glyoxylsäure und Alkohol.
525. Wie verhält es sich mit der Beständigkeit des Diazoessigesters?	Diazoessigester verliert sehr leicht den Stickstoff, ein Vorgang, der durch Säuren katalytisch beschleunigt wird.
526. Welche Eigenschaft erhält der Diazoessigester durch den Verlust seines Stickstoffs?	Nach der Abspaltung des Stickstoffs aus Diazoessigester bleibt ein zweiwertiger ungesättigter Rest, der sich durch Additionsvermögen auszeichnet.
527. Wie verhält sich Diazoessigester gegen doppelte und dreifache Bindungen?	Er lagert sich an, ohne Abspaltung seines Stickstoffs.
528. Was erhält man z. B. bei der Anlagerung von Diazoessigester an Fumarsäureester?	Pyrazolintricarbonsäureester.

529. Wie verhält sich dieser Stoff bei höherer Temperatur?	Er zerfällt unter Abspaltung von Stickstoff in Cyclopropantricarbonsäureester
530. Welche Umlagerungen kann das Reaktionsprodukt aus Benzol und Diazoessigester erfahren?	Entweder es entsteht Phenylessigester, oder die Methylengruppe desselben tritt in den Benzolkern ein unter Bildung von Cycloheptatriencarbonsäureester.
531. Wie verhalten sich aliphatische und aromatische Äther gegen metallisches Natrium?	Sie werden zerlegt unter Bildung von Alkoholat bzw. Phenolat und Alkylnatrium.
532. Wie verhält sich p-Nitrochlorbenzol bei der Hydrolyse unter Druck?	Es findet Ersatz des Halogens durch Hydroxyl statt.
533. Sonst haftet doch Halogen im Benzolkern sehr fest; wie kommt dieses abweichende Verhalten zustande?	Durch die Gegenwart von o- oder p-ständigen Nitrogruppen wird das Halogen im Benzolkern viel beweglicher.
534. Was entsteht beim trockenen Erhitzen von Aceton?	Keten neben Methan.
535. Wie reagieren Säureamide gegen Phosphorpentachlorid?	Es entstehen Säureamidchloride (in welchen der Ketonsauerstoff durch Halogen ersetzt ist); daraus, unter Abspaltung von Halogenwasserstoff, Säureimidchloride.
536. Wie verhalten sich Säureamide gegen Quecksilberoxyd?	Je ein H-Atom der Aminogruppe von 2 Mol Säureamid werden durch ein Hg-Atom ersetzt.
537. Was entsteht bei der Benzoylierung von Wasserstoffsuperoxyd in wässerig-alkalischer Lösung?	Es entsteht Benzoesäureperoxyd, die Verknüpfung zweier Benzoylreste durch 2 O-Atome.
538. Wie verhält sich Benzoesäureperoxyd gegen Natriumäthylat?	Es wird gespalten in die Natriumsalze der Benzopersäure und Benzoesäure.
539. Wie verhält sich Benzopersäure gegen Olefine?	Benzopersäure spaltet ein O-Atom ab, das sich an die olefinische Doppelbildung anlagert.

540. Welches Diazotierungsmittel wird man am praktischsten anwenden, wenn man gezwungen ist, in organischen Lösungsmitteln zu arbeiten?	Da die salpetrigsauren Salze, die gewöhnlich zur Diazotierung verwandt werden, in organischen Lösungsmitteln unlöslich sind, verwendet man am vorteilhaftesten Amylnitrit, das sich durch große Verseifungsgeschwindigkeit auszeichnet.
541. Wie verhält sich Äthylalkohol gegen reine Salpetersäure?	Der Äthylalkohol wird verestert.
542. Wie verhält sich Äthylalkohol gegen Salpetersäure, die salpetrige Säure enthält?	Äthylalkohol wird oxydiert.
543. Was entsteht bei der Oxydation von Äthylalkohol durch Salpetersäure bei Gegenwart von Silber- oder Quecksilberionen?	Es entstehen Fulminate.
544. In welchen Phasen verläuft diese Oxydation?	Zunächst wird Äthylalkohol zu Acetaldehyd oxydiert; dann reagiert die in der Salpetersäure enthaltene salpetrige Säure mit der Methylgruppe des Acetaldehydes unter Bildung von Glyoxalmonoxim. Bei weiterer Einwirkung der Salpetersäure wird die Aldehydgruppe zur Carboxylgruppe oxydiert, ferner der dem Stickstoff benachbarte Methinwasserstoff durch eine Nitrogruppe ersetzt, wobei Nitroglyoxylsäuremonoxim entsteht, das aber beim Erhitzen leicht Kohlendioxyd abspaltet und in Methylnitrolsäure übergeht. Letztere zerfällt dann schließlich in salpetrige Säure und Knallsäure.
545. Wie gelangt man zum Diphenylstickstoffoxyd?	Man lagert an die Doppelbindung der Nitrosogruppe von Nitrosobenzol

	Phenylmagnesiumjodid und verseift das Additionsprodukt. Hierbei entsteht Diphenylhydroxylamin, das sich mit Silberoxyd zu Diphenylstickstoff oxydieren läßt.
546. Zu welchen Reaktionen ist allgemein die Nitrosogruppe geneigt?	Zu Kondensations- und Additionsreaktionen, ferner zu Oxydationen und Reduktionen.
547. Welche Körper erhält man bei der Anlagerung von Alkyl einerseits und Wasserstoff anderseits an die Doppelbindung eines Chinonsauerstoffs?	Chinole.
548. Ändert sich hierbei die Farbe?	Chinol ist im Gegensatz zu Chinon farblos.
549. Zu welcher Körperklasse gehören die Nitrone?	Zu den Stickstoffäthern der aromatischen Aldehyde.
550. Wie kann man diese erhalten?	Durch Kondensation von Phenylhydroxylamin mit Aldehyden.
551. Welche Produkte entstehen bei der Verkupplung von primären Nitrokörpern mit Diazobenzol?	Phenylhydrazone von Alpha-Nitroaldehyden.
552. Wie kann man vom Nitromethan zur Nitroessigsäure gelangen?	2 Mol Nitromethan werden unter dem Einfluß von konzentriertem Alkali zu Methazonsäure - Nitroacetaldoxim kondensiert. Hieraus erhält man durch Wasserabspaltung das Nitril der Nitroessigsäure und bei der Verseifung die Säure selbst.
553. Welche Substituenten im Benzolkern dirigieren einen neu eintretenden Substituenten hauptsächlich in m-Stellung?	Ungesättigte Gruppen.
554. Was entsteht beim Einleiten von Chlorwasserstoff in ein Gemenge von Alkohol und Blausäure bei vollständigem Ausschluß von Wasser?	Iminoameisensäureesterchlorhydrat.

Frage	Antwort
555. Wie wird dieses Salz in Gegenwart von Alkohol beim Stehen in der Kälte verändert?	Es wird in Orthoameisensäureester und Ammonchlorid zerlegt.
556. Welche präparative Bedeutung hat der Orthoameisensäureester?	Er reagiert mit Ketogruppen unter Bildung von Acetalen.
557. Welche Stoffe entstehen bei der Anlagerung von Hydroxylamin an Nitrile?	Amidoxime.
558. Was versteht man unter Enolisation?	Unter Enolisation versteht man die Umlagerung einer Ketoverbindung in eine desmotrope Enolform, wobei ein H-Atom des der Ketogruppe benachbarten C-Atoms an den Ketosauerstoff wandert und eine gleichzeitige Verschiebung der Doppelbindung stattfindet
559. Wodurch kann die Aktivität des an einem C-Atom haftenden H-Atoms erhöht werden?	Die Beweglichkeit eines H-Atoms an einem C-Atom wird um so größer, je mehr ungesättigte Gruppen an diesem haften.
560. Nennen Sie Beispiele für den Fall, daß zwei ungesättigte Gruppen an einem C-Atom haften, dessen Wasserstoff dadurch besonders beweglich wird!	Acetessigester, Malonester, Cyclopentadien, Inden.
561. An welchen N-Verbindungen kann man eine ähnliche Desmotropieerscheinung beobachten wie bei Ketonen?	Aliphatische Nitroverbindungen vermögen als Nitrokörper aber auch als Säuren zu reagieren. Die Aci-Form der letzteren entspricht dem Enol.
562. Wie entsteht Acetessigester?	Durch Anlagerung von Essigester (einerseits einer Acetyl-, anderseits einer Äthoxygruppe) an die Doppelbindung des Natrium-Enolessigesters und Abspaltung von Natriumalkoholat aus dem Additionsprodukt.

Frage	Antwort
563. Wie würde das Additionsprodukt bei der Hydrolyse zerlegt?	Es würde Natriumacetat abgespalten und Ketenacetal hinterbleiben.
564. Was versteht man unter substantiven Farbstoffen?	Substantive Farbstoffe sind solche, die ungebeizte Baumwolle direkt färben.
565. Welcher konstitutionelle Unterschied besteht zwischen diesen und den Azofarbstoffen?	Während die Azofarbstoffe nur eine Azogruppe enthalten, haben die substantiven deren zwei.
566. Welches sind die wichtigsten Vertreter der substantiven Farbstoffe?	Concofarbstoffe, Benzopurpurin, Diaminreinblau.
567. Welche Tetrazoverbindungen werden zur Bildung dieser Farbstoffe verkuppelt?	Zur Gewinnung von Concofarbstoffen, Benzopurpurin rin und Diminreinblau werden die entsprechenden Tetrazoverbindungen von Benzidin, o-Toluidin und Dianisidin verkuppelt.
568. Womit werden die Tetrazoverbindungen meistens verkuppelt?	Mit den Sulfosäuren des Naphtols oder Naphtylamins.
569. Wie erhält man Fuchsin?	Durch Zusammenoxydation von Anilin und o- und p-Toluidin mit Nitrobenzol erhält man die Rosanilinbase, die mit Salzsäure in das Fuchsin übergeht.
570. Wie sieht das kristallisierte Fuchsin aus?	Grün, metallglänzend.
571. Leitet Fuchsin den elektrischen Strom?	Ja.
572. Hat das Anion irgendeinen Einfluß auf den Charakter des Fuchsins?	Nein.
573. Wie könnte man das beweisen?	Die Lösungen aller Fuchsinsalze zeigen bei gleicher molekularer Verdünnung dasselbe Leitvermögen u. dasselbe Absorptionsspektrum.
574. Was erhält man bei der Reduktion der Rosanilinbase?	Die dem Rosanilin entsprechende Leukoverbindung (Leukanilin).

575. Welche Struktur hat dieselbe?	Leukanilin ist die Triaminoverbindung des Tolyldiphenylmethans.
576. Welche Stellung nehmen die Aminogruppen in dieser Verbindung ein?	Die drei Aminogruppen stehen zum Methan-C-Atom in p-Stellung.
577. Wie kann man das beweisen?	Rosanilin gibt beim Kochen mit Salzsäure p-Diaminobenzophenon; ferner wird die p-Stellung der-Aminogruppen bewiesen durch die Synthese des Rosanilins durch Zusammenoxydation von p-Diaminodiphenylmethan mit o-Toluidin.
578. Welchen Stoff erhält man, wenn man Anilin nur mit p-Toluidin zusammen oxydiert?	Man erhält die Farbbase des Pararosanilins.
579. Welche Struktur hat diese?	p-Triamidotriphenylcarbinol.
580. Durch welche Synthese kann man beispielsweise die Struktur dieses Stoffes beweisen?	Man nitriert Triphenylmethan und reduziert die so erhaltene Nitroverbindung zum Paraleukanilin, das bei der Oxydation in das zugehörige Carbinol übergeht.
581. Worauf ist die Färbung der Farbbase beim Neutralisieren derselben zurückzuführen?	Auf einer intramolekulare Umlagerung in eine chinoide Form, in welcher das Anion an ein N-Atom gebunden ist.
582. Nennen Sie noch andere Beispiele für Farbstoffe, deren Färbung durch eine chinoide Bindung hervorgerufen wird!	Auramin, Indamine, Anilinschwarz.
583. Genügt ein chinoides System allein zur Farbstoffbildung?	Nein, zu einem chinoiden System muß mindestens noch ein benzoides hinzutreten.
584. Nennen Sie das einfachste Beispiel hierfür!	Chinhydron.
585. Wie sind im Chinhydron die Systeme verschiedener Oxydationsstufen aneinandergefügt?	Durch Partialvalenzen.

Frage	Antwort
586. Wodurch wird diese Tatsache begründet?	Chinhydron reagiert wie ein Gemisch von Chinon und Hydrochinon.
587. Nennen Sie einen anorganischen Farbstoff, bei welchem die Farbvertiefung auch von der Anwesenheit zweier Systeme verschiedener Oxydationsstufen herrührt!	Berlinerblau.
588. Wie erhält man Anilinblaufarbstoffe?	Durch Phenylierung der Rosaniline und Pararosaniline.
589. Was ist fuchsinschweflige Säure?	Eine additive Verbindung von Fuchsin mit schwefliger Säure.
590. Wozu wird diese gebraucht?	Als empfindliches Reagens auf Aldehyde.
591. Ist fuchsinschweflige Säure gefärbt?	Nein, diese Verbindung ist farblos.
592. Wie wird sie verändert in Gegenwart von Aldehyden?	Sie wird violettrot.
593. Welche Stoffe entstehen, wenn man Rosanilin und Pararosanilin diazotiert und die hierbei entstehenden Diazoverbindungen mit Wasser kocht?	Es entstehen Rosolsäure und Aurin.
594. Wie reagieren diese Farbstoffe, sauer, alkalisch oder neutral?	Sauer.
595. Wie kommt also bei diesen Farbstoffen die Farbstoffbildung zustande?	Durch Neutralisation mit Metallhydroxyden oder Alkalien.
596. Welches ist die Grundsubstanz der Aurin-Rosolsäure-Farbstoffe?	Fuchson.
597. Welche Struktur hat das Hydrat des Fuchsons?	Es ist ein Monooxytriphenylcarbinol.
598. Ist Kristallviolett säure- oder alkaliecht?	Keines von beiden.
599. Wie verändert sich eine wässerige Lösung von Kristallviolett beim Versetzen mit verdünnter Säure?	Die Farbe verwandelt sich in Grün.
600. Wie ist das zu erklären?	Beim Zusatz der Salzsäure wird ein dreiwertiges N-Atom eines der beiden benzoiden Systeme abgesättigt und übt daher kei-

Frage	Antwort
	nen Einfluß mehr auf die Farbstoffbildung aus.
601. Welcher Farbstofftyp ist also hierdurch entstanden?	Der Typ des Malachitgrüns.
602. Was kann man beobachten, wenn man der wässerigen Lösung von Kristallviolett, deren Farbe durch Zusatz von verdünnter Säure in Grün umgeschlagen ist, nochmals Salzsäure, aber konzentrierte, zusetzt?	Die grüne Lösung wird gelb.
603. Wie ist diese Erscheinung zu erklären?	Durch den Zusatz der konzentrierten Salzsäure wird auch das N-Atom des zweiten benzoiden Systems abgesättigt, und man erhält hierbei den Typ des Fuchsonimins.
604. Welches ist die Grundsubstanz der Phataleine?	Diphenylphtalid - Lakton der Triphenylcarbinol-o-carbonsäure.
605. Wie heißen die Kondensationsprodukte von Phtalsäureanhydrid und alkylierten Amidophenolen?	Rhodamine.
606. In welchen Phasen verläuft die Retropinakolinumlagerung?	Pinakolin - Trimethylaceton wird zu dem entsprechenden sekundären Alkohol-Pinakolinalkohol reduziert. Durch Wasserabspaltung hieraus erfolgt unter Wanderung einer Methylgruppe Rückbildung zum Pinakonderivat: Tetramethyläthylen, das sich also vom Pinakon durch Fehlen zweier Hydroxyle unterscheidet.
607. Was bedeutet die „Jodzahl"?	Unter „Jodzahl" versteht man ein Maß für das Mischungsverhältnis von gesättigten gegenüber ungesättigten Glyceriden in den Fetten und Ölen und wird bestimmt durch Titration mit eingestellter Jodlösung.

Frage	Antwort
608. Nennen Sie ein Beispiel für Phototropie eines organischen Stoffes!	Die gelben Kristalle von Benzalphenylhydrazon lagern sich im Lichte in eine scharlachrot gefärbte Modifikation um.
609. Was entsteht beim Einleiten von Kohlensäure in eine Lösung von Brombenzol bei Gegenwart von Natrium?	Benzoesäure.
610. Was erhält man bei der Anlagerung von Phenylmagnesiumbromid an Kohlensäure und Hydrolyse des hierbei entstandenen Additionsprodukts?	Benzoesäure.
611. Durch welche Farbreaktion kann man Nitrosogruppen nachweisen?	Durch die Liebermannsche Reaktion: Die zu prüfende Substanz gibt mit Schwefelsäure und Phenol eine Lösung, die beim Übersättigen mit Alkali intensiv blau gefärbt wird
612. Nennen Sie Anilinderivate, die in der Photographie als Entwickler gebraucht werden!	Rodinal und Metol.
613. Welche Konstitution haben diese Stoffe?	Rodinal ist p-Aminophenol, das bei der Methylierung in Metol verwandelt wird.
614. Wie verhält sich Diazoessigester gegen konzentrierte Alkalien?	2 Mol Diazoessigester vereinigen sich unter dem Einfluß von konzentrierten Alkalien zu dem Alkalisalz der Bisdiazoessigsäure-N-Dihydrotetrazindicarbonsäure.
615. Kann man die Biodiazoessigsäure aus ihrem Alkalisalz mit Säuren in Freiheit setzen?	Nein, sie zerfällt unter Mitwirkung der Elemente des Wassers in Hydrazin und Oxalsäure.
616. Wie kann man Osazone nachweisen?	Durch Oxydation; hierbei entstehen bordeauxrote Osotetrazine.
617. Was entsteht bei der Kompression eines Gemenges von Ammoniak und Chloroform?	Blausäure neben Salzsäure.
618. Wie wird eine Methoxylgruppe quantitativ bestimmt?	Nach der Zeiselschen Methode: Durch Behandlung der zu analysierenden

Substanz mit siedender Jodwasserstoffsäure, wobei Methyljodid entsteht, dessen Jod durch Silbernitrat in einer Vorlage gebunden wird. Das Gewicht des hierbei entstandenen Jodsilbers wird auf Methoxyl umgerechnet.

619. Hat die Carbonylgruppe in Trimethylessigsäure einen Einfluß auf die Beweglichkeit der Methyl-H-Atome?

Nein.

620. Wie reagieren Bleichlorid und Zinkdimethyl miteinander?

Es entsteht Tetramethylblei; daneben scheiden sich metallisches Blei und Zinkchlorid ab.

621. Was entsteht bei der Oxydation von Acetylen mit Chromsäure?

Essigsäure.

622. Wirkt Kaliumpermanganat ebenso?

Nein, es entsteht hier mit Oxalsäure.

623. Wie verhalten sich primäre Nitroverbindungen gegen heiße Salzsäure?

Es erfolgt zunächst Umlagerung zu einer Hydroxamsäure, an die die Elemente des Wassers angelagert werden unter Abspaltung von Hydroxylamin und Bildung einer Fettsäure.

624. Was entsteht bei der Destillation von Quecksilbermercaptiden?

Es entstehen Thioäther neben Quecksilbersulfid.

625. Welche Oxydationsstufen entstehen bei der Oxydation von Aldoximen?

Hydroxamsäuren und Nitroparaffine.

626. Wie wird der Stickstoff einer organischen Substanz quantitativ bestimmt?

Nach der Methode von Dumas: Die Substanz wird mit Kupferoxyd verbrannt, wobei Stickstoff entweicht, der über Kalilauge aufgefangen und volumetrisch bestimmt wird. Nach der Methode von Kjeldahl: Die Substanz wird mit konzentrierter Schwefelsäure bei Gegenwart von etwas

	Quecksilber gekocht, wobei der Stickstoff in Ammonsulfat verwandelt wird. Aus diesem wird beim Destillieren mit Kalilauge Ammoniak in Freiheit gesetzt, in einer Vorlage mit eingestellter Schwefelsäure aufgefangen und titriert.
627. Was entsteht beim Leiten von Chloroformdämpfen über glühendes Kupfer?	Acetylen.
628. Nennen Sie ein Beispiel für Metamerie!	Diaethyläther und Methylpropyläther.
629. Wie reagieren 2 Mol Zyklopentanon miteinander?	Es tritt Kondensation ein unter Bildung von Zyklopentanpentanon.
630. Welche allgemeinen Methoden der Ortsbestimmung gibt es?	1. Die Überführung der Verbindung unbekannter Konstitution in eine solche von bekannter (Relative Ortsbestimmung), 2. die Einführung eines weiteren Substituenten u. Bestimmung der Zahl der hierbei auftretenden Isomeren (Absolute Ortsbestimmung).
631. Bei der Nitrierung eines Dioxybenzols erhielt man 3 Isomere; wie heißt das Dioxybenzol?	Resorcin.
632. Wie kommt es, daß die Leitfähigkeit der Natriumverbindung von m-Nitrophenylnitromethan beim Ansäuern mit Salzsäure nach einiger Zeit abnimmt?	Durch Umlagerung der Isonitroverbindung in die echte Nitroverbindung.
633. Was entsteht bei der Elektrolyse der Bernsteinsäure?	Äthylen.
634. Welches Produkt entsteht bei der Einwirkung von Ammoniak auf Formaldehyd?	Urotropin - Hexamethylentetramin.
635. Welchen Stoff kann man an Acetylen anlagern, um Pyrazol zu erhalten?	Diazomethan.

636. Wie heißen Fünfringe, bestehend aus 3 C-Atomen, einem N-Atom und einem O-Atom?	Oxazole.
637. Welche Körper entstehen, wenn in Oxazolen der Sauerstoff durch Schwefel ersetzt wird?	Thiazole.
638. Wie kann man Thioindigo gewinnen?	Durch Verkupplung von 2 Mol Thiosalicylsäure mit Acetylendichlorid zu Acetylenthiosalicylsäure u. intramolekulare Wasserabspaltung aus diesem Produkt oder durch Oxydation des o-Acetothiophenols mit Luftsauerstoff in alkalischer Lösung.
639. Wie riecht Pyrrol?	Chloroformähnlich.
640. Welcher Unterschied besteht im Verhalten zwischen Pyrazolen und Pyrazolinen?	Pyrazole sind sehr beständig, Pyrazoline dagegen nicht oder nur wenig.
641. Was entsteht beim Erhitzen von Pyrazolincarbonsäureester?	Es entsteht unter Stickstoffentwicklung Trimethylencarbonsäureester.
642. Wie verhalten sich Pyrazoline gegen Oxydationsmittel?	Selbst mit schwachen Oxydationsmitteln entstehen labile rote und blaue Farbstoffe.
643. Wie verhält sich o-Diazonitrotoluol gegen kaltes Wasser?	Es entsteht Nitroindazol.
644. Auf welche Weise kann man Phenazin erhalten?	Durrh Kondensation von Brenzkatechin mit o-Phenylendiamin unter Austritt von Wasser und Wasserstoff.
645. Wie verhalten sich quaternäre Ammoniumbasen bei der trockenen Destillation?	Sie zerfallen in ein tertiäres Amin und einen Alkohol.
646. Wie verhalten sich Kohlenstofftetraäthyl und Tetraäthylmonosilan gegen kalte rauchende Salpetersäure?	Indifferent.
647. Wie groß ist die Verseifungskonstante von Glycerintriacetat im Vergleich zu derjenigen des Glycerinmonoacetates?	Die Verseifungskonstante des Glycerintriacetates ist dreimal größer wie diejenige des Glycerinmonoacetates.

Frage	Antwort
648. Welchen Einfluß haben mehrfache Bindungen auf die Acidität von Carbonsäuren?	Mehrfache Bindungen erhöhen die Acidität von Carbonsäuren.
649. Wovon ist die Inversionsgeschwindigkeit einer Rohrzuckerlösung abhängig?	Von der H-Ionenkonzentration.
650. Welches Produkt entsteht bei der Hydrolyse von Chitin?	Glukosamin.
651. Welcher Stoff entsteht beim Kochen von Hexosen mit konzentrierter Salzsäure?	Lävulinsäure = einfachste Gamma-Ketonsäure.
652. Welche Gruppen müssen mindestens in einer aromatischen Verbindung enthalten sein zur Brauchbarkeit derselben als photographischer Entwickler?	Mindestens eine intakte Hydroxyl- und außerdem mindestens eine intakte Aminogruppe.
653. Was ist Anilinschwarz?	Ein Kondensationsprodukt von 8 Anilinmolekülen.
654. In welcher Stellung sind hierin die Anilinmoleküle gebunden?	In Parastellung.
655. Durch welches Element sind im Anilinschwarz alle 8 Anilinreste verknüpft?	Durch Stickstoff.
656. Zu welcher Körperklasse rechnet also Anilinschwarz?	Zu den Chinondiiminen.
657. Wie wird Chrysoidin gewonnen?	Durch Verkupplung von Benzoldiazoniumchlorid mit m-Phenylendiamin.
658. Wie ist Aminobenzol gefärbt?	Gelb (Anilingelb).
659. Wie kann man sich Bismarckbraun entstanden denken?	Durch Verkupplung von 2 Molekülen m-Phenylendiamin mit dem Diazoprodukt letzteren Stoffes.
660. Auf der Bildung von Bismarckbraun gründet sich ein Nachweis von salpetriger Säure. Nennen Sie ein Beispiel für die Empfindlichkeit dieser Reaktion!	Man kann mit m-Phenyldiamin selbst Spuren von salpetriger Säure im Trinkwasser nachweisen.
661. Nennen Sie ein Beispiel für sterische Hinderung!	An die Aminogruppe des o-o'-Xylidins kann kein Alkyljodid angelagert werden.
662. Gibt es auch optisch aktive Stoffe, die kein asymetrisches C-Atom enthalten?	Ja, z. B. Diolefine, an deren Kettenenden paarweise vier verschiedene Substituenten haften. Hier-

5*

Frage	Antwort
	bei können die olefinischen Doppelbindungen ganz oder zum Teil durch Ringe ersetzt sein.
663. Nennen Sie ein Beispiel für den letzteren Fall!	1-Methyl-cyclohexyliden-4-Essigsäure.
664. Welche Farbe haben Naphtochinone?	Alle drei sind rot gefärbt.
665. Wie verhält sich Anthracen im Lichte?	Es polymerisiert sich zu Dianthracen.
666. Ist die Polymerisation des Anthracens umkehrbar?	Ja.
667. Sind im allgemeinen photochemische Vorgänge reversibel?	Nein.
668. Aus welchen Bestandteilen besteht im wesentlichen das Anthracenöl?	Aus Anthracen, Phenanthren und Carbazol.
669. Wie kann man verhindern, daß der letztgenannte Stoff bei der Destillation des Anthracenöls nicht mit in das Destillat übergeht?	Man überführt Carbazol mit Pottasche in die nicht flüchtige Kaliumverbindung.
670. Was versteht man unter Exaltation?	Die Differenz zwischen den beobachteten und berechneten Werten der Molekularrefraktion und -dispersion.
671. Welche Stoffe zeigen vor allem Exaltation?	Benzolderivate und Stoffe mit konjugierten Doppelbindungen.
672. Wie kann man die Konstitution des Isopropylbenzols beweisen?	Durch die Synthese aus Benzalchlorid und Zinkmethyl.
673. Die Siedepunkte von Mesytilen und Pseudocumol liegen zu dicht beieinander, um sie durch fraktionierte Destillation voneinander trennen zu können. Wie kann die Trennung dieser Stoffe trotzdem durchgeführt werden?	Man sulfuriert das Gemisch der Trimethylbenzole mit Schwefelsäure und erhält hierbei die Sulfosäuren derselben, die sich erheblich in der Löslichkeit voneinander unterscheiden.
674. Nennen Sie einige Elemente und Verbindungen, die sich bei Gegenwart von Aluminiumchlorid zwischen Kohlenstoff und Wasserstoff des Benzols	Kohlenoxyd gibt Benzaldehyd, Kohlendioxyd gibt Benzoesäure, Äthylen gibt Äthylbenzol, Sauerstoff gibt Phenol.

Frage	Antwort
einschieben lassen, ohne daß in demselben die Doppelbindungen gelöst werden, und nennen Sie zugleich die Verbindungen, die hierbei entstehen!	
675. Was kann man äußerlich beobachten bei der Neutralisation von Anilingelb mit Salzsäure?	Die Farbe wird dunkelviolett.
676. Was entsteht, wenn man Benzol und Phosphortrichlorid durch ein glühendes Rohr leitet?	Phosphenylchlorid.
677. Welche Konstitution hat dieser Stoff?	Phosphenylchlorid ist ein primäres Phenylphosphin, in welchem die beiden H-Atome der Phosphingruppe durch Chlor ersetzt sind.
678. Was entsteht beim Erhitzen von acylierten o-Toluidinen mit Natriumalkohol auf 350°?	Unter Wasserabspaltung entstehen Alpha-Indolderivate.
679. Aminosäuren sind z. T. so schwach sauer, daß man sie nicht titrieren kann. Auf welche Weise kann man sie zur Titration tauglich machen?	Durch vorherige Kondensation mit Formaldehyd, wodurch die Acidität der Aminosäuren auf ein zur Titration ausreichendes Maß steigt.
680. Auf welche Weise werden die bei der Eiweißspaltung erhaltenen Aminosäuren getrennt?	Durch Veresterung und fraktionierte Destillation im Vakuum.
681. Wie verhält sich Methyljodid gegenüber Chlor?	Es findet eine Addition von Chlor statt zu einer Verbindung, die aber sehr leicht zerfällt unter Bildung von Methylchlorid und Chlorjod.
682. Welche Katalysatoren bekommen für Hydrierungen besonders in Frage?	Nickel und Platinmetalle.
683. Wodurch können Hydrierungskatalysatoren desaktiviert werden?	Durch Verunreinigungen der zu hydrierenden Stoffe und der Lösungsmittel, besonders durch Schwefel und Chlor.
684. Wie entsteht das Kunstharz Bakelit?	Durch Kondensation von Formaldehyd mit Phenol.

Frage	Antwort
685. Wie wirkt das Licht bei allen Reaktionen, bei denen Wasserstoff direkt durch Chlor ersetzt wird?	Katalytisch.
686. Wie wirkt Stickstoffdioxyd auf Olefine?	Jede olefinische Doppelbindung nimmt 2 Mol Stickstoffdioxyd auf unter Bildung von Dinitrokörpern.
687. Wie wird technisch Äthylen gewonnen?	Durch Abspaltung von Wasser aus Alkohol bei Gegenwart von erhitzter Tonerde als Katalysator.
688. Woher rührt die dunkle Farbe der Haare und Haut beim Menschen und vielen Tieren?	Vom Melaningehalt.
689. Wie entsteht Melanin?	Durch enzymatische Oxydation von Tyrosin.
690. Worauf beruht das Gerben?	Auf der gegenseitigen Fällung von Gerbstoffen und Eiweiß, also kolloider Stoffe.
691. Was kann man beobachten beim Versetzen von Protokatechusäure mit Eisenchlorid und weiterem Zusatz von stark verdünnter Sodalösung?	Der Zusatz von Eisenchlorid bewirkt Grünfärbung, die beim Zusatz von Alkali in Blau und schließlich in Grün übergeht.
692. Welche Konstitution hat Protokatechusäure?	Protokatechusäure ist eine Dioxybenzoesäure und kann aufgefaßt werden als Brenzkatechin, in welchem in p-Stellung zu einer Hydroxylgruppe eine Carboxylgruppe eingeführt ist.
693. Wie kann man Salicylsäure von ihren Kernisomeren trennen?	Salicylsäure gibt im Gegensatz zu ihren Kernisomeren beim Kochen mit Kalkwasser ein schwerlösliches basisches Calciumsalz.
694. Ist die Enzymwirkung der Hefe an die lebende Zelle gebunden?	Nein.
695. Wie kann man das beweisen?	Man kann die lebenden Hefezellen mit Aceton oder durch Verreiben

	mit Quarzsand abtöten, ohne daß das Enzym und seine Wirkung eine Veränderung erleidet.
696. Bei welchem Stoff ist die Explosionsgefahr größer, beim Acetylen oder beim Leuchtgas?	Beim Acetylen.
697. Warum?	Weil schon 12 Prozent Luft im Acetylen-Luftgemisch genügen, um die Explosionsgrenze zu erreichen, während diese beim Leuchtgas erst bei 72 Prozent Luftgehalt erreicht wird. Ferner ist Acetylen bedeutend stärker endotherm als Leuchtgas.
698. Wohin begibt sich bei der direkten Sulfurierung des Anthrachinons die Sulfosäuregruppe?	In Beta-Stellung.
699. Welchen Kunstgriff muß man anwenden, um die Sulfosäuregruppe in Alpha-Stellung zu dirigieren?	Man bedient sich eines Quecksilbersalzes als Katalysator.
700. Aus welchen Ringsystemen bestehen Chinoxaline?	Aus einem Benzolring und einem Pyrazinring.
701. Welche Körper entstehen, wenn man den Chinoxalinen noch einen Benzolring symetrisch angliedert?	Phenazine.
702. Welche praktische Bedeutung haben Phenazine?	Phenazine dienen zur Fabrikation wichtiger Farbstoffe.
703. Wie verhalten sich Chinoxaline gegen Kaliumpermanganat?	Der Benzolkern wird aboxydiert, und es entstehen Pyrazine.
704. Wie verhalten sich alkylierte Pyrazine gegen Kaliumpermanganat?	Es entstehen Pyrazincarbonsäuren.
705. Barbitursäure ist das Trioxyderivat welchen heterocyclischen Ringes?	Des Pyrimidins.
706. Aus welchen Ringen bestehen Purine?	Aus einem Pyrimidin- und einem Glyoxalinring.
707. In welchen Phasen verläuft die Aufsprengung des Piperidin-	Am N-Atom methyliertes Piperidin nimmt ein Mol

ringes durch „erschöpfende Methylierung"?	Methyljodid auf, wobei der Stickstoff vom dreiwertigen in den fünfwertigen übergeht. Das Jod der so entstandenen quaternären Ammoniumbase läßt sich mit Silberoxyd durch Hydroxyl ersetzen. Bei der Destillation tritt letzteres zusammen mit einem H-Atom einer zum Stickstoff metaständigen Methylengruppe als Wasser aus, wobei unter Bildung einer Doppelbindung der Ring am Stickstoff gesprengt wird. Da der Stickstoff bei diesen Umwandlungen wieder in den dreiwertigen Zustand versetzt wird, lassen sich jene in derselben Weise wiederholen, so daß schließlich unter Wasserabspaltung Trimethylamin und 1,4-Pentadien entstehen. Letzteres verwandelt sich jedoch sofort unter Verschiebung einer Doppelbindung in 1,3-Pentadien-Piperylen.
708. Wie ändert sich durchschnittlich die Differenz der Siedepunkte zwischen den benachbarten Gliedern der Paraffinalkoholreihe?	In aufsteigender Reihe wird die Differenz der Siedepunkte durchschnittlich immer größer.
709. Wie ist diese Erscheinung zu erklären?	Die hochmolekularen Paraffinalkohole sind associiert.
710. Wie kann man Zyklohexan von überschüssigem Benzol befreien?	Da die Siedepunkte der beiden Stoffe zu nahe beieinander liegen, muß beispielsweise vor der fraktionierten Destillation das Gemisch mit Salpeter-

	säure behandelt werden, wobei Benzol in Nitrobenzol verwandelt wird, Zyklohexan dagegen unverändert bleibt.
711. Wie verhalten sich Zyklohexan und Zyklopentan beim Erhitzen mit Palladiumschwarz auf 300°?	Zyklohexan wird zu Benzol dehydriert, Zyklopentan bleibt dagegen unverändert.
712. Was entsteht bei der Kalischmelze von o- und p-Brombenzolsulfosäure?	Resorcin.
713. Warum ist Pikrinsäure in Wasser gelöst gelb, in Petroläther gelöst dagegen farblos?	Weil Pikrinsäure in Wasser in Ionen gespalten ist, in Petroläther dagegen nicht. Nur das Anion der Pikrinsäure hat gelbe Farbe.
714. Was entsteht bei der Kalischmelze von Strychnin?	Ein Gemenge von Chinolin und Indol.
715. Wie kann man Strychnin nachweisen?	Die zu untersuchende Substanz wird in konzentrierter Schwefelsäure gelöst und in die Lösung ein Kaliumdichromatkristall hineingehängt. Das Abfließen blauer Schlieren zeigt Strychnin an.
716. Wie sehen Chininsalzlösungen aus?	Sie fluorescieren blau.
717. Wie kann man Chinin nachweisen?	Durch die Blaufärbung seiner Salzlösungen; ferner gibt Chinin beim Versetzen mit Chlorwasser und Übersättigen mit Ammoniak eine smaragdgrüne Färbung.
718. Viele Alkaloide lassen sich bei Vergiftungen mit denselben mit starkem Tee unschädlich machen. Worauf beruht diese Wirkung dieses Tees?	Das im Tee enthaltene Tannin fällt das Alkaloid aus.
719. Wieviel isomere Monosubstitutionsprodukte existieren vom Chinolin?	Sieben.
720. Geben im allgemeinen Isomere Milchkristalle?	Nein.

721. Nennen Sie eine Ausnahme von dieser Regel!	Alpha- und Beta-Thiophencarbonsäure.
722. In welchem Falle sind 3- und 5-Derivate des Pyrazols identisch?	Wenn der Wasserstoff der Iminogruppe nicht substituiert ist.
723. Wodurch ist diese Tatsache begründet?	Der Iminwasserstoff des Pyrazols vermag bald an das eine, bald an das andere N-Atom zu wandern, wobei gleichzeitig eine Verschiebung der beiden Doppelbindungen im Ring stattfindet.
724. Nennen Sie einen empfindlichen Nachweis von Pyridin, der mit einer Geruchsentwicklung verknüpft ist!	Das Additionsprodukt von Pyridin und Methyljodid gibt beim Erwärmen mit Alkali einen stechenden Geruch.
725. Piperidin kann man aus Pentamethylendiamin unter Ammoniakabspaltung erhalten. Wie kann aus Piperidin das Pentamethylendiamin zurückgewonnen werden?	Man behandelt N-Benzoylpiperidin mit Phosphorpentabromid, wobei der Sauerstoff durch 2 Bromatome ersetzt wird. Bei der Vakuumdestillation des Dibromides findet eine Spaltung in Pentamethylendibromid und Benzonitril statt. Jenes läßt sich mit Ammoniak in Pentamethylendiamin verwandeln.
726. Nur welche Oxythrachinone geben mit Beizen Farbstoffe?	Nur solche, die zwei Hydroxylgruppen in O-Stellung enthalten.
727. Durch welche charakteristische Farbreaktion kann man Anthrachinon nachweisen?	Man behandelt die zu untersuchende Substanz mit Zink und Natronlauge; eine hierbei auftretende blutrote Färbung, die beim Schütteln mit Luft wieder verschwindet, zeigt Anthrachinon an.
728. Wieviel isomere Monosubstitutionsprodukte existieren vom Anthracen?	Drei.

Frage	Antwort
729. Wohin begeben sich zwei Wasserstoffatome bei der Hydrierung von Naphtalin?	In 1 und 4.
730. Welches System von Doppelbindungen enthält Naphtalin?	Ein konjugiertes System von Doppelbindungen.
731. Wie verhält sich Alpha-Naphtalinsulfosäure beim Erhitzen über 160°?	Sie lagert sich in die isomere Beta-Säure um.
732. Ist dieser Umlagerungsvorgang reversibel?	Ja.
733. Durch welche Farbreaktion kann man Alpha- von Beta-Naphtol unterscheiden?	Eisenchlorid gibt mit Alpha-Naphtol einen violetten, Beta-Naphtol dagegen einen grünen Niederschlag.
734. Was entsteht beim Leiten von Phenoldämpfen über erhitztes Thoriumoxyd?	Phenyläther.
735. Wie verhält sich Acetylen im ultraviolettem Lichte?	Es polymerisiert sich hauptsächlich zu Benzol.
736. Wie verhält sich ein Gemenge von Kohlenoxyd und Chlor im ultravioletten Lichte?	Die beiden Gase verbinden sich zu Phosgen.
737. Ist Schwefelkohlenstoff endotherm oder exotherm?	Endotherm.
738. Ist der endotherme Schwefelkohlenstoff beständig?	Ja.
739. Explodiert Schwefelkohlenstoff beim Erhitzen?	Nein.
740. Wodurch kann Schwefelkohlenstoff zur Explosion gebracht werden?	Durch Initialzündung z. B. mit Knallquecksilber.
741. Wie verhält sich Betain gegen Königswasser?	Indifferent.
742. Welche Struktur hat Lysin?	Lysin ist eine 1,5-Diaminocapronsäure.
743. Welche Veränderung erleidet Lysin bei der Fäulnis?	Es wird in Cadaverin verwandelt.
744. Welche Aminosäure ist nach ihrem Vorkommen im Spargel benannt?	Asparagin.
745. Welche Konstitution hat Asparagin?	Asparagin ist das Halbamid der Aminobernsteinsäure.
746. Aus welchem Stoff entsteht bei der Fäulnis Putrescin?	Aus Ornithin.

Frage	Antwort
747. Was versteht man unter Laktamen?	Den Laktonen entsprechende innere Anhydride der Gamma-Aminosäuren.
748. Hat die Temperatur einen Einfluß auf das Gleichgewicht Harnstoff-Ammoniumisocyanat?	Nur wenig.
749. Wie kann man Phenylphosphin gewinnen?	Durch Destillation von Phosphenylchlorid mit Alkohol im Kohlensäurestrom.
750. Woran kann man Phenylphosphin äußerlich erkennen?	An seinem durchdringenden Geruch.
751. Gelingt es, Phenylphosphin durch Reduktion von Phosphinobenzol zu gewinnen?	Nein.
752. Wie entsteht die dem Azobenzol entsprechende Phosphorverbindung?	Phosphobenzol kann man erhalten durch Verkupplung von Phosphenylchlorid mit Phenylphosphin.
753. Wie entsteht die dem Azobenzol entsprechende Arsenverbindung?	Durch Reduktion von Phenylarsenoxyd mit phosphoriger Säure entsteht Arsenobenzol.
754. Woraus entstehen Amylalkohol und Isobutylcarbinol bei der alkoholischen Gärung?	Aus den Eiweißstoffen der Hefe.
755. Durch welche Fällungsreaktion kann man Aminosäuren charakterisieren?	Aminosäuren geben beim Kochen mit Kupfercarbonat blaue schwerlösliche Salze.
756. Auf welchem physikalischen Wege kann man am besten Keto-Enol-Tautomerie nachweisen?	Durch Bestimmung der Refraktion; die Ketoverbindung zeigt eine kleinere Refraktion wie das Enol.
757. Wohin wandert eine Acylgruppe bei der Acylierung von Acetessigester?	An den Enolsauerstoff.
758. Wohin wandert eine Acylgruppe bei der Acylierung von Natracetessigester?	An das Alpha-C-Atom.
759. Wie verhalten sich beide Acylierungsprodukte gegen Brom?	Das am Sauerstoff substituierte Acylderivat addiert Brom, das Alpha-Substitutionsprodukt dagegen nicht.
760. Wohin wandert Alkyl bei der Alkylierung von Acetoxim?	An den Stickstoff.

Frage	Antwort
761. Wohin wandert Alkyl bei der Alkylierung von Natriumacetoxim?	An den Sauerstoff.
762. Welche tautomeren Formen des Oxims treten hierbei in Reaktion?	Bei der Alkylierung am Stickstoff eine ringförmige Ketoform, bei der Alkylierung am Sauerstoff eine Enolform, die Hydroxyl am N-Atom enthält.
763. Welche Produkte entstehen bei der Regenerierung des Acetons aus den beiden verschiedenen Alkylierungsprodukten?	Das am Stickstoff alkylierte Acetoxim gibt bei der Reduktion Methylamin, das am Sauerstoff alkylierte Acetoxim gibt bei der Hydrolyse am Sauerstoff alkyliertes Hydroxylamin.
764. Durch welche Farbreaktion kann man Keto- von Enolverbindungen unterscheiden?	Enole geben mit Ferrichlorid Violettfärbung, Ketoverbindungen dagegen nicht.
765. Was entsteht, wenn man aus dem Produkt, das man bei der Anlagerung von Essigester an die Natriumverbindung des Essigesters als Enol erhält, Natriumacetat abspaltet?	Ketenacetal.
766. Wie kann man Lignin (Holzstoff) in Papier nachweisen?	Phloroglucin in konzentrierter Salzsäure erzeugt auf ligninhaltigem Papier Rotfärbung.
767. Wie verhält sich ein primärer Nitrokörper gegen warme Salzsäure?	Es findet zunächst Umlagerung zu Hydroxamsäure statt, die bei der Hydrolyse in eine Carbonsäure und Hydroxylamin zerfällt.
768. Was entsteht bei der Behandlung von Allyljodid mit Cyankali und nachfolgender Verseifung des Nitrils?	Beta-Methylacrylsäure = Crotonsäure.
769. Warum entsteht hierbei nicht Vinylessigsäure, die man normalerweise erwarten dürfte?	Bei der Verseifung des Allylnitrils findet eine Verschiebung der Doppelbindung nach der Carboxylgruppe statt.

770. Wie kann man feststellen, daß diese Verschiebung nicht schon bei der Behandlung des Allyljodids mit Cyankali stattfindet?	Allylnitril zeigt normale Molekularrefraktion, also keine Exaltation.
771. Welches System ungesättigter Bindungen müßte Allylnitril enthalten, wenn Exaltation festzustellen wäre?	Ein konjugiertes System.
772. Wie verhält sich Propargylaldehyd gegen Natronlauge?	Es zerfällt in Acetylen und Natriumformiat.
773. Woraus besteht der Riechstoff der Zitronen?	Aus Citral.
774. Welche Spaltprodukte entstehen bei der Oxydation von Citral?	Aceton, Lävulinsäure und Kohlendioxyd.
775. Welcher Stoff entsteht beim Anbrennen von Fett?	Acrolein.
776. Wie wird technisch Veilchenparfüm hergestellt?	Die Aldehydgruppe des Citrals wird mit der Methylgruppe von Aceton kondensiert und das hierbei entstandene Pseudojonon mit verdünnter Schwefelsäure zum Jononring umgelagert.
777. Wie müßte die Struktur des Ionons verändert werden, um das Iron der Veilchen zu erhalten?	Die 5,6-Doppelbindung müßte nach 3,4 verschoben werden.
778. Wie verhalten sich Ketosen gegen Methylphenylhydrazin?	Es entstehen Osazone.
779. Wie verhalten sich Aldosen gegen Methylphenylhydrazin?	Es entstehen Hydrazone.
780. Wie unterscheiden sich äußerlich die mit Methylphenylhydrazin entstandenen Osazone von den Hydrazonen?	Durch die Farbe; die Osazone sind gelb gefärbt, während die Hydrazone farblos sind.
781. Welche Veränderung erfahren Hexosen bei der Behandlung mit Salzsäure?	Es entstehen Lävulinsäure und braune Humusstoffe.
782. Wie kann man Arabinose von Glukose trennen?	Man fällt in essigsaurer Lösung Arabinose mit asymetrischem Methylpenylhydrazin als Hydrazon, filtriert und schlägt aus dem Filtrat mit Phenyl-

	hydrazin Glukose als Glukosazon nieder.
783. Wodurch unterscheidet sich das Hydrazon der d-Mannose von allen anderen Monosehydrazonen?	Durch die Schwerlöslichkeit in Wasser.
784. Oxalsäure wird beim Erhitzen mit konzentrierter Schwefelsäure gespalten in Kohlendioxyd und Kohlenoxyd. Wie beeinflußt Wasser die Geschwindigkeit des Vorganges?	Wasser verringert die Reaktionsgeschwindigkeit in diesem Falle.
785. Wie verhalten sich Beta-Halogensäuren beim Kochen mit Natronlauge?	Es findet Abspaltung von Chlorwasserstoff statt unter Bildung einer ungesättigten Säure.
786. Wie verhalten sich Beta-Halogensäuren gegen Natriumcarbonat?	Es findet Abspaltung von Halogenwasserstoff und Kohlendioxyd statt unter Bildung eines ungesättigten Kohlenwasserstoffs.
787. Wie verhält sich Hydrosorbinsäure beim Kochen mit Natronlauge?	Die Doppelbindung zwischen 2,3 wird nach 1,2 verschoben.
788. Nennen Sie eine Synthese von 1,4 Diketonen!	Man verkuppelt ein Säurechlorid mit einer Natriumverbindung eines Acetylenhomologes und lagert unter dem Einfluß von konzentrierter Schwefelsäure Wasser an die dreifache Bindung des Kupplungsproduktes.
789. Was versteht man unter Viskose?	Viskose ist Cellulosexanthat.
790. Welche Bedeutung hat Viskose?	Viskose dient zur Herstellung von Kunstseide.
791. Wie verfährt man bei der Kunstseidefabrikation mit Viskose?	Man preßt Viskose aus einer Düse in ein Fällbad aus verdünnter Säure, wobei die Cellulose als Faden zum Vorschein kommt.
792. Wie ändert sich die Reaktionsgeschwindigkeit bei chemischen Vorgängen mit der Temperatur?	Die Reaktionsgeschwindigkeit steigt bei 10° Temperaturerhöhung meist um das Doppelte oder Dreifache.

Frage	Antwort
793. Welche Katalysatoren kommen bei Kondensationen und Hydrolysen in Frage?	Säuren und Alkalien.
794. Wovon ist die Wirkungsintensität dieser Stoffe abhängig?	Von der H-ionen bzw. OH-ionenkonzentration.
795. Über welche Stoffe läuft die Buttersäuregärung?	Glukose, Milchsäure, Acetaldehyd, Aldol, Buttersäure
796. Wie verhalten sich Acetylenhomologe der Formel $R.C \equiv C.CH_3$ gegen erhitztes Natrium?	Es erfolgt eine Verschiebung der dreifachen Bindung zu $R.CH_2.C \equiv CH$.
797. Wie kann diese Verschiebung der dreifachen Bindung rückgängig gemacht werden?	Durch Erhitzen mit alkoholischem Kali.
798. Auf welche Weise konnte man Ölsäure von Stearin- und Palmitinsäure trennen?	Durch Fällen dieser Säuren als Bleisalze und Extraktion mit Äther, wobei nur Bleioleat in Lösung geht.
799. Wie verhält sich Pyridin gegen Chromsäure?	Indifferent.
800. Wie verhalten sich Pyridincarbonsäuren gegen Chromsäure?	Indifferent.
801. Gelingt es, Pyridin zu sulfurieren?	Ja, jedoch nur bei sehr hoher Temperatur.
802. Wohin bewegt sich Halogen bei der direkten Chlorierung von Anthracen?	In Gamma-Stellung.
803. Wie könnte man das beweisen?	Bei der Oxydation der Gamma-Halogensubstitutionsprodukte entsteht Anthrachinon.
804. Wie verhält sich Pyrrol gegen Hydroxylamin?	Es entsteht unter Ringsprengung und Ammoniakentwicklung das Dioxim des Bernsteinsäurealdehydes.
805. Wie verhält sich Furfurol gegen Cyankali?	2 Mol Furfurol kondensieren sich zu Furoin.
806. Was entsteht durch Einwirkung von Natrium auf Bernsteinsäurediäthylester?	2 Mol Bernsteinsäurediäthylester kondensieren sich zu Succinylbernsteinsäureester.
807. Welche Struktur hat demnach Succinylbernsteinsäureester?	Dieser Stoff ist ein Dihydrodioxyterephtalsäureester.
808. Wie kann man von diesem Stoff zum Hydrochinon gelangen?	Man oxydiert zum Dioxyterephtalsäureester und

Frage	Antwort
	spaltet nach der Verseifung desselben Kohlendioxyd ab.
809. Wie verhält sich Hydrobenzoin beim Erwärmen mit Schwefelsäure?	Unter Austritt von Wasser und Umlagerung entsteht Diphenylacetaldehyd.
810. Wie verhält sich Methylanilinnitrosamin gegen rauchende Salzsäure?	Es erfolgt eine Umlagerung zu p-Nitrosomonomethylanilin.
811. Wie verhält sich Anilin gegen Chlorkalk?	Es erfolgt Violettfärbung unter Bildung von Indophenol und anderen Stoffen.
812. Wie wird ein Gemisch der drei Dioxybenzole beim Zusatz von Bleiacetat verändert?	Brenzkatechin fällt aus.
813. Was erfolgt beim Zusatz von Ammoniak zum Filtrat des Brenzkatechinniederschlages?	Hydrochinon fällt aus.
814. Wie reagiert ein Gemisch der dreiwertigen Phenole gegen Hydroxylamin?	Allein Phloroglucin gibt ein Trioxim.
815. Welche Struktur hat also die Pseudoform des Phloroglucins?	Die Struktur eines Triketohexamethylens.
816. Welche Struktur hat Chloranil?	Die Struktur eines Tetrachlorchinons.
817. Welche Struktur hat Eosin?	Eosin ist Tetrabromfluorescein.
818. Wie verhält sich Natriummalonsäureester beim Erhitzen?	Es entsteht Phloroglucindicarbonsäureester.
819. Was entsteht bei der Behandlung von Phenol mit Tetrachlorkohlenstoff in alkalischer Lösung?	p-Oxybenzoesäure.
820. Wie verhält sich Trinitrobenzoylchlorid gegen Wasser?	Beständig.
821. Wie wirkt ein Natriumatom auf ein Mol Benzophenon?	Benzophenon addiert das Natriumatom, wobei der Kohlenstoff in dreiwertige Form übergeht unter Bildung von Natriumketylen.
822. Was entsteht bei der Einwirkung von 2 Natriumatomen auf ein Mol Benzophenon?	Die Carbonyldoppelbindung des Benzophenons nimmt die beiden Natriumatome auf.

Frage	Antwort
823. Woran kann man das hierbei erhaltene Additionsprodukt erkennen?	An der violettroten Farbe.
824. Wie könnte man die Konstitution von Diphenylessigsäure beweisen?	Durch die Synthese aus Phenylbromessigsäure u. Benzol bei Gegenwart von Aluminiumchlorid.
825. Was entsteht bei der Oxydation von Diphenylessigsäure?	Benzophenon und Kohlendioxyd.
826. Was entsteht durch Oxydation von Benzilmonohydrazon?	Azobenzil.
827. Woran kann man diesen Stoff äußerlich erkennen?	An der orangeroten Farbe.
828. Wie verändert er sich beim Erhitzen in Benzol?	Er verliert Stickstoff, und unter gleichzeitiger Umlagerung entsteht Diphenylketon.
829. Was entsteht bei der Behandlung von Phtalsäureanhydrid mit Benzol bei Gegenwart von Aluminiumchlorid?	o-Benzoylbenzoesäure.
830. Wie verhält sich o-Benzoylbenzoesäure beim Erhitzen mit Phosphorpentoxyd auf 180°	Es entsteht Anthrachinon.
831. Was entsteht beim Erhitzen von salicylsaurem Methylanilin auf 335?°	Salzsaures Toluidin.
832. Wie verhält sich Brenzkatechin gegen salpetrige Säure?	Es entsteht Dioxyweinsäure.
833. Kann man den Imidwasserstoff des Pyrrols durch die Nitrosogruppe ersetzen?	Nein.
834. Welche Umwandlung muß Pyrrol erfahren, damit sein Imidwasserstoff durch die Nitrosogruppe ersetzbar wird?	Pyrrol muß hydriert werden.
835. Wie verhält sich Thiophen gegen Halogenalkyl?	Indifferent.
836. Wie wird 1-Phenyl-3-Methyl-5-Pyrazolon gewonnen?	Durch Kondensation von Acetessigester mit Phenylhydrazin.
837. Wie kann man die Konstitution von Antipyrin beweisen?	Durch die Synthese aus Acetessigester und Methylphenylhydrazin.
838. Welchen Namen führt das salicylsaure Antipyrin?	Salipyrin.

839. Was ist Pyramidon?	Pyramidon ist das Dimethylaminoderivat des Antipyrins.
840. Was entsteht beim Stehenlassen einer neutralen Lösung von o-Diazotoluol?	Es findet Wasserabspaltung statt unter Bildung von Indazol.
841. Wie könnte man die Konstitution von Glyoxalin beweisen?	Durch die Synthese des Benzoylglyoxalins aus o-Phenylendiamin und Ameisensäure.
842. Wie verhält sich der Äthylester der Anissäure gegen Kali beim Erhitzen?	Es findet Verseifung statt, ohne daß die Methoxygruppe angegriffen wird.
843. Wie verhält sich das Natriumphenolat der Salicylsäure gegen Kohlensäure?	Es findet Ersatz des Natriums durch Wasserstoff statt.
844. Wohin wandert Brom bei der Anlagerung von Bromwasserstoff an Propylen?	In 1- und 2-Stellung, so daß 2 Bromierungsprodukte entstehen.
845. Wie wird mikroskopisch Blut nachgewiesen?	Man bringt eine Probe der zu untersuchenden Substanz auf einen mikroskopischen Objektträger und erhitzt unter Zusatz von Eisessig und Kochsalz zum Sieden; es bilden sich dann bei Gegenwart von Blut braune Kristalle.
846. Woraus bestehen diese Kristalle?	Aus salzsaurem Hämin.
847. Kann man Carboxyl- und Estergruppen katalytisch hydrieren?	Nein.
848. Von allen ungesättigten Systemen kann welches am leichtesten hydriert werden?	Die olefinische Doppelbindung.
849. Wovon ist die Richtung einer katalytischen Hydrierung bzw. Dehydrierung abhängig?	Von der Temperatur.
850. Wieviel Liter Wasserstoff sind erorderlich für die Hydrierung eines Mols einer Substanz mit einer Doppelbindung?	Unter Normalbedingungen 22,4 Liter.
851. Wozu wird Atophan praktisch benutzt?	Gegen Gicht.
852. Welche Struktur hat Atophan?	Alpha-Phenylchinolin-Gamma-Carbonsäure.

853. Wie erhält man dieses Produkt?	Durch Kondensation von Anilin mit Benzaldehyd und Brenztraubensäure.
854. Welcher Stoff entsteht bei der Kondensation von Phtalsäureanhydrid mit einer Methylgruppe des Chinaldins?	Chinophtalon.
855. Wie sieht dieser Stoff aus?	Chinophtalon ist ein gelber Farbstoff.
856. Kann man an die Doppelbindung von Tetraphenyläthylen Brom anlagern?	Nein.
857. Wie kann man nachweisen, daß das Aceton in der Enolform Brom aufnimmt?	Durch Bestimmung des Grades der Reaktion; sie ist monomolekular und nicht bimolekular, wie man annehmen könnte.
858. Ist die Verseifungsgeschwindigkeit von Äthylenbromid groß oder klein?	Klein.
859. Wie kann man die Verseifung von Äthylenbromid beschleunigen?	Durch Umesterung.
860. Was versteht man hierunter?	Die Umwandlung in ein leicht verseifbares Produkt; so kann Äthylenbromid mit Kaliumacetat in den Essigester verwandelt werden, der bei der Hydrolyse schnell zerlegt wird.
861. Welche Nebenreaktionen erfolgen bei der Synthese von Kohlenwasserstoffen aus verschiedenartigen Halogenalkylen nach Wurtz?	Je zwei Moleküle ein und desselben Halogenalkyls treten miteinander in Reaktion.
862. Wie wird Alpha-Hydrindon gewonnen?	Durch Ringschluss von Hydrozimtsäurechlorid, wobei der o-Wasserstoff in Reaktion tritt.
863. Wie kann man nach Friedel-Crafts Methode aromatische Carbonsäuren gewinnen?	Durch Verkupplung des aromatischen Kohlenwasserstoffs mit Harnstoffchlorid und nachfolgende Hydrolyse des so entstandenen Säureamides.

864. Hat die Menge des Aluminiumchlorides im allgemeinen einen Einfluß auf die Art des Reaktionsverlaufs Friedel-Craftscher Synthesen?	Nein.
865. Was geht daraus hervor?	Daß Aluminiumchlorid bei Friedel-Craftsschen Synthesen katalytisch wirkt.
866. In welchen Fällen muß bei Friedel-Craftsschen Synthesen die Menge des Aluminiumchlorides berücksichtigt werden?	Bei Ketonsynthesen.
867. Warum gerade hierbei?	Weil die Reaktionsprodukte mit Aluminiumchlorid eine additionelle feste Verbindung liefern.
868. Wieviel Aluminiumchlorid muß angewandt werden, damit diese in Lösung geht?	Mindestens ein Mol Aluminiumchlorid.
869. Wie hat man sich die Salzbildung des o-Nitrosodimethylanilins vorzustellen?	Die Salzbildung erfolgt unter Umlagerung in ein chinoides System, wobei im Falle des salzsauren Salzes der Wasserstoff an den Nitrososauerstoff wandert und das Chlor an den mit Alkylgruppen beladenen Stickstoff.
870. Welches Amin entsteht bei der Zerlegung des Additionsproduktes aus p-Nitrosodimethylanilin und Methyljodid durch Alkali?	Dimethylamin.
871. Was entsteht durch Erhitzen von Formaldehyd mit Salmiak?	Trimethylamin.
872. Wie bestimmt man die Struktur von Azofarbstoffen?	Durch Reduktion; hierbei findet unter Anlagerung von 4 H-Atomen eine Spaltung in primäre Amine statt.
873. Welche Rolle spielen Säuren bei der Zersetzung von aliphatischen Diazoverbindungen?	Die Rolle eines Katalysators.
874. Wie sind o- und p-Nitrophenol und deren Salze gefärbt?	Die freien Verbindungen sind farblos, die Salze orange.

875. Worauf führt man die Färbung der Nitrophenolsalze zurück?	Auf die bathochrome-farbvertiefende Wirkung der Salzbildung.
876. Nennen Sie noch andere evidente Beispiele hierfür!	Die Salze des gelbbraunen Anthrahydrochinons sind blutrot.
877. Wie kann man sich Thiazol formal entstanden denken?	Durch Ersatz einer Methingruppe im Thiophen durch ein N-Atom.
878. Aminothiazol zeigt in seinem Verhalten große Ähnlichkeit mit welchem aromatischen Stoff?	Mit Anilin.
879. Wie verhält sich Diazoessigsäureamid gegen Alkalien?	Es lagert sich zu einem 5-Oxytriazol um.
880. Wie verhalten sich alkylierte Pyrazine bei der Oxydation?	Es entstehen Pyrazincarbonsäuren.
881. Wie könnte man Piperazin synthetisieren?	Aus Äthylenbromid und Ammoniak.
882. Was ist Lycetol?	Das weinsaure Salz des Dimethylpiperazins.
883. Welche Bedeutung hat dieser Stoff?	Er löst Harnsäure und wird daher gegen Gicht verwandt.
884. Was erhält man bei der Einwirkung von Bromcyan auf Diazomethan?	Ein bromiertes Osotriazol.
885. Welchen Charakter zeigt der Osotriazolring?	Aromatischen Charakter.
886. Worin zeigt sich derselbe beispielsweise?	In der Beständigkeit bei der Oxydation seiner Homologen zu Carbonsäuren, in der Nitrier- und Sulfurierbarkeit usw.
887. Wie verhalten sich am Stickstoff phenylierte 1,2,4-Triazole bei der Oxydation?	Der Phenylkern wird abоxydiert.
888. Wie verhalten sich Aminotriazole beim längeren Kochen mit verdünnten Säuren?	Indifferent.
889. Welcher organische Stoff eignet sich zur gravimetrischen Bestimmung der Salpetersäure?	Nitron.
890. Wie entsteht Nitron?	Aus Triphenylaminoguanidin und Ameisensäure.
891. Wie könnte man die Salznatur von Oxoniumsalzen beweisen?	Mit Hilfe der Gefrierpunktserniedrigung.

892. Nennen Sie einen Sechsring mit Schwefel als Ringglied!	Thioxanthen.
893. Was entsteht durch Erhitzen von Diphenylamin mit Schwefel auf 250°?	Thiodiphenylamin-Phenthiazin.
894. Was gibt Phenthiazin bei der Bromierung?	Ein Dibromid mit vierwertigem Schwefel.
895. Welche praktische Bedeutung hat Phenthiazin?	Es dient zur Gewinnung wichtiger Farbstoffe.
896. Nennen Sie solche!	Lauthsches Violett und Methylenblau.
897. Welche Struktur hat das Lauthsche Violett?	Diaminophenthiazin.
898. In welchem Zusammenhang steht dieser Stoff mit Methylenblau?	Methylenblau ist das Tetramethylderivat des Lauthschen Violetts.
899. Nennen Sie ein Verfahren zur Gewinnung von Methylenblau!	Die Oxydation zweier Moleküle des asymetrischen Dimethylparaphenylendiamins bei Gegenwart von Schwefelwasserstoff.
900. Welche Struktur hat das niederste Homologen des Acetylens?	Methylacetylen-Allylen und das Diolefin-Allen.
901. Nennen Sie eine stickstoffreie Gelatine!	Agar-Agar, eine Pflanzengallerte aus ostindischen Algen.
902. Was entsteht aus Phosgen und Salmiak bei 400°	Carbamidchlorid.
903. Was entsteht bei der Alkylierung von Natriumformanilid?	Am Stickstoff alkyliertes Formanilid.
904. Was entsteht bei der Alkylierung von Silberformanilid?	Am Sauerstoff alkyliertes Formanilid.
905. Nennen Sie noch ähnliche tautomere Verbindungen, bei welchen ein H-Atom zwischen Stickstoff und Sauerstoff wandert!	Säureamide.
906. Wie könnte man die Wertigkeit eines Alkohols bestimmen?	Durch Bestimmung der Anzahl Acetylgruppen, die in das Alkoholmolekül einzutreten vermögen beim Erhitzen mit Essigsäureanhydrid und Natriumacetat oder durch Veresterung mit Monobrombenzoesäure und nach-

Frage	Antwort
	folgende Bestimmung des Broms.
907. Wie verhält sich Tetranitromethan gegen gesättigte Paraffine?	Tetranitromethan löst sich in gesättigten Paraffinen farblos auf.
908. Wie verhält sich Tetranitromethan gegen ungesättigte Olefine?	Es löst sich in ungesättigten Olefinen mit gelber Farbe
909. Wie verhält sich Azomethan beim Erhitzen?	Es zerfällt in Stickstoff und Äthan.
910. Wie reagiert Azomethan mit Säuren?	Es zerfällt in Methylhydrazin und Formaldehyd.
911. Wie kann man vom Harnstoff zum Äthylhydrazin gelangen?	Man äthyliert Harnstoff, führt in eine Iminogruppe eine Nitrosogruppe ein, reduziert letztere zur Aminogruppe und spaltet schließlich mit Säure; hierbei entsteht neben Äthylhydrazin Äthylamin und Kohlensäure.
912. Welchen Charakter trägt Cyclocatetraen?	Olefin- und nicht Benzolcharakter, wie man annehmen könnte.
913. Was entsteht bei der Behandlung von Thiophosgen mit Ammoniak?	Rhodanammonium.
914. Was entsteht bei der Einwirkung von Phosphorpentachlorid auf Phtalsäure?	Phtalylchlorid.
915. Wo sitzen in dieser Verbindung die Chloratome?	An den beiden Carboxylkohlenstoffatomen.
916. Was entsteht bei der Einwirkung von Phosphorpentachlorid auf Phtalsäure bei Gegenwart von Aluminiumchlorid?	Isophtalylchlorid.
917. Welche Struktur hat dieses Chlorid im Gegensatz zu dem eben erwähnten?	Es ist ein Phtalsäureanhydrid, in welchem der Carbonylsauerstoff durch 2 Cl-Atome ersetzt ist.
918. Nennen Sie beispielsweise physikalische Unterschiede zwischen den tautomeren Formen des Phtalylchlorides!	Phtalylchlorid hat eine größere molekulare Refraktion und einen niedrigeren Schmelzpunkt als Isophtalylchlorid.
919. Welche chemischen Unterschiede zeigen beispielsweise die tau-	Phtalylchlorid reagiert mit Ammoniak und Anilin

tomeren Formen des Phtalylchlorides?	schneller wie Isophtalchlorid, beide bilden aber dieselbe Cyanbenzoesäure
920. Hat die dem Sulfonal entsprechende Methylverbindung narkotische Wirkung?	Nein.
921. Wie kann man die narkotische Wirkung des Sulfonals steigern?	Durch sukzessiven Ersatz der Methylgruppen durch Äthylreste.
922. Wie könnte man die gegenseitige Lagerung der Hydroxylgruppen im Glykol bestimmen?	Durch Messung der Leitfähigkeit von Borsäure; dieselbe wird bei Zusatz von Glykol nicht erhöht.
923. Worauf beruht diese Methode?	Enthält eine Verbindung zwei Hydroxylgruppen in cis-Configuration, so vermögen diese mit Borsäure einen ringförmigen Ester zu liefern, der in wässeriger Lösung stärker ionisiert ist als Borsäure allein.
924. Was entsteht beim Leiten von Stilbendäpfen durch ein glühendes Rohr?	Phenanthren.
925. Wodurch unterscheidet sich grundlegend die Wirkung anorganischer Katalysatoren von derjenigen der Enzyme?	Während jeweils ein anorganischer Katalysator auf viele Stoffe eingestellt sein kann, ist das bei den Enzymen mehr oder weniger nicht der Fall; ihre Wirkung beschränkt sich spezfisch auf bestimmte Stoffe bzw. Stoffgruppen.
926. Nennen Sie ein Beispiel hierfür!	Die Spaltung von Rohrzucker u. Raffinose wird von Invertin bewirkt, diejenige von Maltose u. Alpha-Methylglykosid durch ein anderes Enzym (Maltase); alle genannten Zucker werden jedoch durch verdünnte Schwefelsäure zerlegt.

927. Welche von beiden $^1/_{10}$ n-Lösungen verseifen schneller, Kalilauge oder Salzsäure?	Kalilauge.
928. Wieviel mal schneller wird etwa Essigsäuremethylester durch $^1/_{10}$ n-Kalilauge verseift als durch $^1/_{10}$ n-Salzsäure?	1000 mal schneller.
929. Welche praktische Bedeutung hat die Messung der Verseifungsgeschwindigkeit?	Sie dient zur Berechnung der H-Ionen bzw. OH-Ionenkonzentration.
930. Welche Eigenschaft verschafft dem Hexamethylentetramin Bedeutung als Arzneimittel?	Sein starkes Wasseranziehungsvermögen (Utropin)
931. Wie können die Amylenisomeren voneinander getrennt werden?	Man behandelt das Gemisch mit Jodwasserstoff, der von den einzelnen Isomeren verschieden schnell addiert wird und nach der Trennung wieder abgespalten werden kann.
932. Welche asymetrischen Atome kennt man in organischen optisch aktiven Verbindungen?	Kohlenstoff, Silicium, Zinn, Stickstoff, Phosphor, Schwefel und Selen.
933. Welche Saccharide schmecken nicht süß?	Die meisten Polysaccharide mit mehr als achtzehn C-Atomen.
934. Von welchen Metallen kennt man Phenylverbindungen?	Von Natrium, Magnesium, Zinn, Quecksilber u. Blei.
935. Welche Metallalkylverbindungen sind gegen Wasser und Luftsauerstoff beständig?	Quecksilber, Blei und Zinn.
936. Worauf ist die fluoreszierende Eigenschaft des Fluoresceins zurückzuführen?	Auf den Gehalt eines Pyronringes.
937. Welche aromatischen Verbindungen sind reaktionsfähiger, o- und p-Verbindungen oder m-Verbindungen?	o- und p-Verbindungen.
938. Nennen Sie ein Beispiel hierfür!	Das Halogen im o- und p-Halogennitrobenzol ist beweglich, im m-Halogennitrobenzol dagegen nicht oder nur sehr wenig.
939. Was entsteht beim Leiten von Acetylen über auf 300° erhitzten Pyrit?	Thiophen.

Frage	Antwort
940. Wie erhält man Azofarbstoffe mit einem Thiophenring?	Durch Verkupplung von Benzoldiazoniumchlorid mit einem Amino- oder Oxythiophen.
941. Könnte man auch thiophenkernhaltige Azofarbstoffe durch Verkupplung von Thiophendiazoniumchlorid und einem Amino- oder Oxybenzol erhalten?	Nein.
942. Warum nicht?	Weil Aminothiophen nicht diazotiert werden kann.
943. Welche Farbe hat der durch Verkupplung von Benzoldiazoniumchlorid und Thiophenin darstellbare Farbstoff?	Orange.
944. Wodurch unterscheidet sich freies Aminothiophen von freiem Anilin?	Aminothiophen ist bedeutend unbeständiger als Anilin.
945. In welcher Form ist Thiophenin beständig?	Als Salz.
946. Wie kann man Thiophen von Benzol trennen?	Durch Behandlung des Gemisches mit konzentrierter Schwefelsäure, welche Thiophen als Sulfosäure löst.
947. Wodurch unterscheiden sich die alkolischen Lösungen der Fettsäurereihe?	Durch die Löslichkeit; dieselbe wächst mit zunehmendem Gehalt der Fettsäuren an C-Atomen.
948. Wie verhält sich Citronensäure gegen Kaliumpermanganat?	Es entsteht Acetondicarbonsäure.
949. Wie verhält sich dieser Stoff im Lichte bei Gegenwart von Uranoxyd?	Acetondicarbonsäure wird gespalten in Aceton und Kohlendioxyd.
950. Wodurch kann derselbe Zerfall bewirkt werden?	Durch bloßes Erhitzen.
951. Wie könnte man Thiosalicylsäure gewinnen?	Durch Behandlung der diazotierten Anthranilsäure mit Natriumhydrosulfid.
952. Welchen Einfluß hat die Temperatur auf enzymatische Vorgänge?	Die günstigste Enzymwirkung liegt bei einem Temperaturoptimum.
953. Welchen Einfluß hat die H-Ionenkonzentration auf enzymatische Vorgänge?	Die Enzymwirkung kommt bei einem Optimum der H-Ionenkonzentration zu voller Entfaltung.

Frage	Antwort
954. Welchen Einfluß hat die Zahl der N-Atome auf die Reaktion von Heterocyclen?	Die sauren Eigenschaften von Heterocyclen treten um so mehr hervor, je mehr N-Atome sie enthalten.
955. Was entsteht bei der Behandlung von Phenol mit Tetrachlorkohlenstoff in alkalischer Lösung?	p-Oxybenzoesäure.
956. Wie verhält sich Äthylenoxyd gegen wässerige Lösungen von Schwermetallsalzen?	Äthylenoxyd vermag so energisch Säuren zu addieren, daß es die Salze von Schwermetallen zerlegt und diese als Hydroxyde ausfällt.
957. Was entsteht beim Erhitzen von Natriummalonsäureester?	Phloroglucindicarbonsäureester.
958. Wie verhält sich Benzol gegen Chlorsäure?	Benzol wird durch Chlorsäure zu Beta-Trichloracetylacrylsäure oxydiert.
959. Was entsteht bei der Reduktion von Salicylsäure mit Natrium?	Pimelinsäure.
960. Wie kann man die Nitrogruppe des Nitrobenzols durch Chlor ersetzen?	Durch Reduktion des Nitrobenzols, Diazotierung des entstandenen Amins in salzsaurer Lösung und Ersatz der Diazogruppe im Diazobenzolchlorid durch Chlor bei Gegenwart von Cuprochlorid.
961. Wie kann man dasselbe Resultat auf kürzestem Wege erhalten?	Durch Behandlung des Nitrobenzols mit Thionylchlorid, wobei in einer einzigen Operation die Nitrogruppe durch Chlor ersetzt wird.
962. Wie verhalten sich Trimethylencarbonsäuren gegen Kaliumpermanganat?	Indifferent.
963. Welche Veränderung erfährt Dimethylketen beim Stehen?	Es polymerisiert sich zu Diketotetramethylcyclobutan.
964. Wie kann man Benzoldiazoniumchlorid in Nitrobenzol verwandeln?	Durch Behandlung der Diazoverbindung mit salpetriger Säure bei Gegenwart von Cuprooxyd.

965. Was entsteht bei der Behandlung von Benzoldiazoniumchlorid mit schwefliger Säure bei Gegenwart von Kupferpulver?	Benzolsulfinsäure.
966. Wie kann man diese Säure isolieren?	Durch Fällung mit Ferrisalz als orangefarbenes Salz.
967. Welches sind die ersten Hydrolysenprodukte der Eiweißstoffe im tierischen Körper?	Albumosen und Peptone.
968. Wodurch wird die Spaltung der Eiweißstoffe im tierischen Körper bewirkt?	Durch das Pepsin des Magensaftes und das Pankreasenzym Trypsin.
969. Welche von diesen Proteasen bewirkt eine tiefergreifende Spaltung?	Trypsin.
970. Wie weit geht die Spaltung der Eiweißstoffe durch Trypsin?	Bis zu einfachen Aminosäuren.
971. Was ist chemisch betrachtet Fäulnis?	Ein Eiweißabbau.
972. Welche Stoffe und Stoffgruppen erscheinen beim Eiweißabbau?	Peptone, Polypeptide, Aminosäuren und Ammoniak; die Aminosäuren werden einerseits in Fettsäuren, Kohlensäure, Wasserstoff und Methan, andererseits in Amine, Mercaptane, Schwefelwasserstoff, Phenole, Indol, Skatol u. ä. Stoffe gespalten.
973. Wo findet man Proteasen?	Im tierischen Körper, vor allem aber auch in Mikroorganismen.
974. Woran kann man die Fähigkeit eines Organismus, Eiweiß abzubauen, erkennen?	An der Verflüssigung der Gelatine von Gelatineplatten, auf denen Mikroorganismen gezüchtet werden können, ferner an dem Käsegeruch, evtl. auch an der Säurebildung, in erster Linie aber an den Spaltprodukten.
975. Wie nennt man das Lösungsprodukt eines Eiweißstoffes in Pepsin?	Pepton.
976. Wie kann man beweisen, daß der Eiweißabbau ein enzymatischer Vorgang und nicht etwa	Man kann die Organismen abtöten durch Erhitzen oder chemische Mittel,

an die lebende Zelle gebunden ist?	ohne daß die Enzyme ihre Wirksamkeit verlieren.
977. Welche Stoffe aktivieren Enzyme?	Co-Enzyme.
978. Nennen Sie ein Beispiel hierfür!	Die Enzymwirkung des Trypsins wird durch die Gegenwart der Co-Tryptase ausgelöst.
979. Welche Protease wirkt vor allem im sauren und welche im alkalischen Magensaft?	Im sauren Magensaft wirkt besonders Pepsin, im alkalischen Trypsin.
980. Wie kommt die Ausflockung des Caseins in der Milch zustande?	Durch die Bildung der Milchsäure, ferner durch den Einfluß des Labenzyms, in frischer Milch z. B. enthalten.
981. Welches Enzym spaltet Fette?	Lipase.
982. Welche tierische Drüse enthält Lipase?	Die Bauchspeicheldrüse.
983. Welche Bedeutung hat die Gallenflüssigkeit bei der Fettspaltung im tierischen Körper?	Die Gallenflüssigkeit emulgiert das Fett und ihre Salze, besonders diejenigen der Cholsäure, aktivieren Lipase.
984. Nennen Sie einen Organismus, der eine große Zahl von Enzymen produziert und daher die verschiedenartigsten biochemischen Vorhänge durchzuführen vermag?	Aspergillus niger.
985. Welche aromatischen Aminosäuren entstehen besonders beim Eiweißabbau?	Tyrosin und Tryptophan.
986. In welcher Weise werden diese Stoffe im Verlauf der Fäulnis weiter zerlegt?	Aus Tryosin entsteht vor allem p-Kresol, in geringerer Menge Phenol, aus Tryptophan hauptsächlich Indol, in zweiter Linie Skatol.
987. Was ist das Charakteristikum der biochemischen Umwandlungen aromatischer Aminosäuren?	Aromatische Aminosäuren werden nur in ihren Seitenketten angegriffen, die Kerne dagegen bleiben unversehrt.

988. Wie verfährt man bei der Elementaranalyse schwefel- und halogenhaltiger Stoffe?	Man verbrennt die zu analysierende Substanz mit Bleichromat, wobei Schwefel und Halogen von Blei festgehalten werden.
989. Kann Hefe Alkohol in Kohlenhydrate zurückverwandeln?	Ja, aber nur bei genügender Luftzufuhr.
990. Verläuft die alkoholische Gärung exo- oder endotherm?	Exotherm.
991. Ist der Energieumsatz bei der alkoholischen Gärung bedeutend?	Nein, er ist außerordentlich gering.
992. Welche Struktur hat Cystin?	Cystin besteht aus 2 Alaninmolekülen, deren Beta-C-Atome durch eine Brücke aus 2 S-Atomen verknüpft sind.
993. Nennen Sie das wichtigste Indamin!	Phenylenblau.
994. Wie wird dieser Farbstoff erhalten?	Durch Verkupplung von Dimethylanilin mit Chinondiimin.
995. Was erhält man durch Abspaltung von Ammoniak aus o-Diamidodiphenyl?	Carbazol.
996. Welchen Zweck hat die Indopheninreaktion?	Dieselbe dient zum Nachweis von Thiophen in Benzol.
997. Wie wird dieser Nachweis vorgenommen?	Beim Versetzen des Benzols mit wenig Isatin in konzentrierter Schwefelsäure entsteht bei Gegenwart von Thiophen Blaufärbung.
998. Worauf ist die gelbe Farbe des Glyoxals zurückzuführen?	Auf die Anwesenheit der Gruppe —CO.CO—.
999. Was erhält man durch Schmelzen von Cyankali mit Schwefel?	Rhodankali.
1000. Was versteht man unter „Fetthärtung"?	Die katalytische Hydrierung der ungesättigten Säuren, besonders der Ölsäure, die in minderwertigen Ölen enthalten sind, wodurch vollwertige Fette erhalten werden.

Großdruckerei Paul Dünnhaupt, Köthen i. Anh.

FSC
www.fsc.org
MIX
Papier | Fördert gute Waldnutzung
FSC® C083411

Zeitfracht Medien GmbH
Ferdinand-Jühlke-Straße 7
99095 Erfurt, Deutschland
produktsicherheit@kolibri360.de